데이터 모델링 실전처럼 시작하기

데이터 모델링
실전처럼 시작하기

데이터 전문가가 되는 첫걸음

박종원 지음

세나북스

추천의 말

『로지컬 씽킹의 기술』에는 이런 내용이 나옵니다.

"주변에 논리적이고 일 잘하는 사람이 있다면 유심히 관찰하고 연구해 볼 필요가 있다."

대부분의 프로젝트에서 나타나는 문제는 정답이 없습니다. 최적의 답을 스스로 찾아내야 하는 경우가 대부분입니다. 드물지만 아무리 어려운 문제도 척척 해결하는 뛰어난 능력을 지닌 사람들이 있습니다. 우린 주변에 일 잘하는 이런 사람이 있으면 그냥 감탄만 하고 그걸로 끝입니다. 하지만 '대단하네!'로 끝나는 사람과 '왜?'를 반복하는 사람 간에는 시간이 지날수록 커다란 차이가 생깁니다.

엔코아 컨설팅에서 8년 동안 일하며 얻은 가장 소중한 경험은 단순히 업무 지식을 얻었다는 것에 그치지 않습니다. 데이터 아키텍처 컨설턴트로 일하면서 여러 프로젝트를 경험하며 일 잘하는 사람들을 많이 만날 수 있었고, 그분들의 노하우를 조금이라도 배울 수 있었습니다.

같은 사무실에서 매일 같은 일을 하면서 똑같은 사람을 반복해서 만나는 것보다 프로젝트에 따라 다양한 일을 하면서 새로운 사람들, 뛰어난 사람들과 같이 일하면 경력에 훨씬 더 도움이 됩니다. 기술은 철저하게 모방 학습을 통해 체득된다는 말이 있습니다. 여기서 말하는 기술은 지식과 경험의 복합체를 의미하지 않을까요?

솔직히 이전에 다른 회사에 다닐 때는 '저 선배 진짜 일 잘한다!'고 하는 경험이 별로 없었습니다. 하지만 엔코아 컨설팅에서는 그런 선배님들이 많았습니다. 그중 한 분이 이 책의 저자인 박종원 이사님입니다. 이사님과 데이터 모델링 프로젝트에 같이 투입될 기회 한 번 있었는데 하필 그때 집안 사정으로 제가 휴직하는 바람에 그 좋은 기회를 놓치고 말았습니다. 지금 생각해도 아쉬운 마음뿐입니다.

엔코아 컨설팅을 그만두고 출판을 시작한 지도 7년 차입니다. 출판을 하며 좋은 점이 있다면 '누군가에게 필요한, 도움이 되는 책'을 만들 수 있다는 것입니다. 17년간 경험했던 IT 업무 관련 책도 내고 싶었지만 기회가 쉽게 생기지 않았습니다. 그러다가 우연한 기회에 박종원 이사님과 연락이 닿았고, 이런 기회를 놓칠 수 없다는 생각에 이사님의 30년 IT 경력을 바탕으로 책을 쓰시면 어떻겠냐고 제안했습니다. 그리고 3개월쯤 지났을 때 데이터 모델링 책을 쓰셨다는 연락을 받았습니다.

데이터 모델링은 단순한 스킬이 아닙니다. 효율적인 시스템 구축을 위한 데이터 모델링의 중요성은 말할 필요조차 없습니다. 데이터 모델링은 건축과 비교하면 건물의 골조, 뼈대를 세우는 일과 같습니다. 데이터 모델링은 어렵지만 뛰어난 데이터 모델링 실력은 상당한 희소가치가 있습니다. 단순히 지식을 외운다고 잘할 수 있는 일이 아니기 때문입니다. 논리력, 사고력, 판단력이 필요합니다. 그리고 정답이 없습니다. 아무리 이론적으로 이상적이고 좋은 데이터 모델도 고객이 원하는 방향이 아니거나 시스템에 적합하지 않다면 아무 소용이 없습니다. 따라서 모델링을 잘하려면 커뮤니케이션 능력도 필요합니다.

IT 업계에서 수많은 프로젝트를 경험하며 느낀 것은 업무 파악 능력, 설계 능력만 출중해도 '먹고 살 걱정은 없다'라는 사실입니다. 뛰어난 설계 능력에 모델링에 관한 지식과 실력까지 있다면 몸값이 올라가는 건 시간 문제입니다. 하지만 일하면서 "와, 설계 잘한다!"라는 소리 듣는 사람들은 손에 꼽습니다.

왜 설계는 어려울까요? 왜 데이터 모델링은 어렵고 사람들은 데이터 전문가 되기가 쉽지 않다고 말할까요? 심지어 데이터 관련 전문 업체에 다니면서도 본인이 어떤 능력을 쌓아야 하는지 포인트를 못 잡고 헤매는 사람도 많습니다.

그 이유는 '생각하는 힘'을 기르지 않기 때문입니다. 항상 직관적이고 눈에 쉽게 보이는 것만을 중요시하고 새로운 발상도 하지 않습니다. 끈질기게 어떤 사실을 알아내고 그 이면을 들추어 보려는 노력도 하지 않습니다. 의문도 가지지 않고 의심도 하지 않고 질문도 하지 않습니다.

실제 데이터 모델링 업무에 가장 필요한 능력은 책을 보거나 지식을 외운다고 생기지 않습니다.

"사실 시중에는 수많은 모델링 관련 서적과 강좌들이 범람하고 있다. 그러나 이들의 대부분은 단지 ERD를 작도하는 방법을 가르치고 있는 것에 지나지 않는다고 감히 말할 수 있다. 다시 말해서 모델링의 절차나 결정된 사실을 그림으로 표현해 내는 방법을 교육시킬 뿐이지, 인간의 유일한 영역이라고 할 수 있는 복잡한 사고의 세계에 파고들어 '생각하는 방법', '판단하는 방법'을 제시하려고는 감히 생각하지 못하고 있다는 것이다. 모델링이라는 것은 인간의 사고를 통한 판단력으로 해 나가는 것이다. 그렇다면 판단하는 근거와 사고의 원리를 배우는 것이 무엇보다 중요하며, 그림을 그리는 방법만 익혀서는 아무것도 제대로 할 수가 없다."

- 이화식, 『데이터 아키텍처 솔루션 1』

사람들은 DA 전문가, 데이터 모델러나 데이터 전문가가 되기 어렵다는 말은 되풀이하면서도 왜 그런지 곰곰이 생각하는 데는 인색합니다. 부끄럽지만 저도 8년이나 데이터 아키텍처 전문회사에 다니며 데이터 모델링 업무를 수행했지만 누가 이런 질문을 하면 이렇다 할 대답을 내놓지 못했습니다. 하지만 이미 답은 엔코아컨설팅 이화식 대표의 저서 『데이터 아키텍처 솔루션 1』에 위와 같이 잘 나와 있습니다.

제가 박종원 이사님에게 책 쓰기를 부탁한 이유도 같은 맥락입니다. 데이터 모델링을 다수 수행하고 업무적으로 인정받는 전문가가 자신의 실전적 경험을 잘 녹여낸 책을 쓴다면 많은 사람에게 좋은 참고와 길잡이 역할을 해줄 것으로 생각했습니다. 기존에 나온 데이터 모델링 책도 좋은 것이 많지만 이 책은 다른 책들과는 확연히 다릅니다. 실제 예제 업무를 보면서 모델러의 고민을 따라 하고, 실전과 거의 다름없는 모델링 과정을 책을 통해 간접 체험해 볼 수 있습니다.

"방법론에 지나치게 구애되면 오히려 논리적인 사고력을 몸에 익히기가 어려워진다. 왜냐하면 이들은 논리 사고력을 행하기 위한 도구에 지나지 않고 도구의 사용 방법에 아무리 정통해도 진짜 사고력은 몸에 붙지 않기 때문이다. (…) 사고력을 단련할 때 무엇보다 중요한 점은 실제로 자신의 머리로 생각해야 한다는 점이다. 손을 움직이면서 머리를 충분히 회전 시켜 시행착오를 반복해 갈 때 비로소 생각하게 된다. 이 과정이야말로 사고력을 강화하기 위한 최적의 방법이다."

- 히사쓰네 게이이치,『피터 드러커처럼 생각하라』

위의 말처럼 방법론은 중요하지 않습니다. 이 책은 방법론에 관한 책이 아니며 단순히 '모델링 하는 방법'을 알려주거나 '이렇게 하면 되더라'식의 정보를 제공하는 수준에서 끝나지 않습니다. 데이터 모델링에서 가장 중요한 능력은 '사고를 통한 판단력'입니다. 그리고 직접 해봐야 합니다. 이 책은 모델링을 실제로 따라 해보면서 모델링에 필요한 사고력을 기르는 방법을 알려줍니다. "남이 방법을 알더라도 쉽게 흉내를 낼 수 없는 사고적인 것을 할 수 있어야 한다"라는 말은 너무나도 중요합니다. 데이터 아키텍처 컨설팅이나 데이터 모델링이 어려운 이유는 바로 '방법을 알아도 실천하기 어려운 일'이기 때문입니다.

이런 점 때문에 데이터 모델링을 하는 컨설턴트들은 이렇게 말합니다. "모델링 능력은 그 한계가 없다"라고 말입니다. 이 부분에 대해서도 역시 이화식의『데이터 아키텍처 솔루션 1』에 자세히 나옵니다.

"데이터 모델링은 방법을 알고 있다고 해서 쉽게 적용할 수 있는 것이 아니다. 어쩌면 방법 이전에 지금까지 자신이 인생을 살면서 직, 간접적으로 터득해 왔던 많은 경험과 사고능력, 판단력, 적극성 등이 더 필요할지도 모른다. 이런 의미에서 필자는 모델링을 단순한 '방법의 습득 차원'이 아닌 '사고능력의 개발 차원'에서 접근해야 한다고 믿는 사람이다."

데이터 모델링 컨설턴트는 프로젝트에 나가면 분석하고자 하는 업무와 관련해서 현업 담당자들이 아는 지식, 각종 문서 등 기존에 존재하는 모든 자료와 정보를 열심히 공부해야 합니다. 몇 주 업무 분석을 열심히 하다 보면 수년을 그 업무만 했던 담당자만큼 업무에 해박해지기도 합니다.

이렇게 해당 업무 파악하기는 시작에 불과합니다. 기존 데이터 모델의 문제점을 찾아서 업무에 최적화된 최상의 모델을 제시해야 합니다. 단순한 기계적인 작업이 아니라 분석력, 종합력, 판단력, 논리력, 그리고 그간의 다양한 업무 경험이 어우러져야만 만족할 만한 결과를 낼 수 있습니다. 이러한 능력은 문서로 만들 수도 없고 기계가 대신할 수도 없습니다. 그렇기에 데이터 모델링은 앞으로도 유망한 직종입니다.

유홍준 교수가 말했듯 '인생도처유상수', 인생 곳곳에는 고수들이 포진해 있습니다. 모든 후배들의 희망 사항은 회사에서 잘나가는 선배와 함께 일하며 하나라도 더 배우는 것이 아니겠습니까? 저도 대부분의 경우 후배들을 가르치는 입장이었지만 아주 가끔 선배와 일하는 영광을 누렸습니다. 훌륭한 실력을 갖춘 회사 선배님들을 만날 수 있었고 그럴 때마다 그 선배가 어떻게 일 잘한다는 평을 듣게 되었는지 열심히 관찰했습니다. 지금 생각해보면 무척 운이 좋았습니다. 그런데 계속 데이터 모델링 관련 일을 하지 않고 출판을 하게 되었습니다. 출판을 하면서도 항상 회사 선배들을 떠올리며 '그분들이 가진 노하우를 책으로 만들면 좋을 텐데…'라는 생각을 수없이 했습니다.

많은 사람들이 데이터 모델링에 관심이 있고 잘하고 싶어 합니다. 데이터 모델링을 배우기 위해 데이터 전문회사에 들어가야 할까요? 그러기도 힘들거니와 심지어 데이터를 전문적으로 다루는 회사에 들어가도 모델링 일을 바로 할 수 있거나 금방 배울 수도 없습니다. 현실이 그렇습니다. 그리고 실력만 있다면 지금 일하고 있는 자리에서 데이터 모델링 지식을 충분히 사용할 수 있습니다. 실력만 있다면 말입니다.

데이터 모델링 회사에 들어가지 않아도, 당장 나를 가르쳐 줄 선배가 없어도 방법은 있습니다. 데이터 모델링 고수에게 직접 배우는 것처럼 좋은 책이 있다면 가능합니다. 그래서 데이터 모델링 고수와 이 책을 만들게 되었습니다. 좋은 원고와 출판 기회를 주신 이 책의 저자 박종원 이사님께 진심으로 감사드립니다.

생각하는 힘을 가진 사람은 문제해결 능력과 종합적인 사고력을 갖춘 훌륭한 인재입니다. 이런 사람은 무슨 일을 해도, 어떤 자리에서건 빛날 것입니다. 많은 분들께 이 책이 데이터 모델링을 쉽게 알게 해주고 생각하는 힘을 길러주는 좋은 발판이 되기를 바랍니다. 데이터 모델링을 공부하고자 하는 분들께 도움이 되고 지금 있는 자리에서 도약 할 수 있는 좋은 기회를 줄 수 있는, 오랫동안 사랑받는 책이 되기를 진심으로 기원합니다.

2021년 5월

최수진

들어가는 글

2020년 봄, 여느 때처럼 프로젝트를 하나 마치고 다음 프로젝트 참여를 준비하고 있었습니다. 전 직장 동료이자 이 책의 출판사 대표에게 이런 말을 들었습니다.

"이사님, 책을 써보시면 어떨까요? 많은 프로젝트 수행에서 쌓인 경험과 노하우를 후배들에게 꼭 알려주세요. 생각보다 볼만한 책이 많지 않아요."

집필을 결심하고 어떤 경험과 노하우를 책으로 쓸지 고민하다가 데이터 모델링 분야에 관해 쓰기로 했습니다.
데이터 모델링은 초·중급자가 공부하기 쉽지 않고 관련 책을 보아도 이해하기 힘든 경우가 많아 좀 더 쉽게 접근할 수 있는 책을 쓰기로 했습니다.
실제로 프로젝트를 하면서 개발 경력이 많은 개발자에게 간단한 업무 요건을 주고 데이터 모델링을 해보라고 하면 엉뚱하게 작도하는 경우가 비일비재합니다. 일을 잘하는 개발자들도 다른 사람이 만든 데이터 모델을 기초로 애플리케이션을 개발하는 일은 능숙하게 해내지만 직접 데이터 모델을 작성하기는 그리 만만치 않게 느끼는 것이 사실입니다.

이 책은 일반적인 데이터 모델링 책에서 접근하는 엔터티, 엔터티 관계 및 속성 등의 이론적인 내용만을 차례대로 기술하는 방식이 아닌, 실제 업무에서도 흔하게 접할 수 있는 두 가지 예제 업무 요건(비디오 렌탈 업무, 대학 학사 업무)을 제시하고 이를 모델링하는 과정을 보여줍니다.

마치 실제 프로젝트에서 모델링을 진행하는 모습을 옆에서 보는 것처럼 업무 요건에 맞는 엔터티를 도출하고 식별자를 부여하며 관계를 설정하는 등 일련의 데이터 모델링 진행 과정을 자세하고 생생하게 기술했습니다.

데이터 모델링 진행 과정에서 모델러가 무엇을 생각하고 고민하고 결정해야 하는지 그 과정과 내용도 자세하게 알려줍니다. 해야 할 것과 하지 말아야 할 것, 먼저 해야 할 것과 나중에 해야 할 것의 대상과 우선순위를 결정하는 과정도 자세히 알 수 있습니다. 제시된 업무 요건도 충족하면서 업무 변경 시 유연하고 확장성이 보장되는 데이터 모델링을 하는 방법과 그 과정도 자세하게 알 수 있습니다.

본문은 총 4개의 장으로 구성되어 있습니다. 1장은 데이터 모델링의 개요를, 2장 데이터 모델링 시작하기에서는 두 개의 업무 요건을 풀어가는 과정을 상세히 설명합니다. 3장에서는 논리 데이터 모델링을, 4장에서는 물리 데이터 모델링을 설명합니다.

데이터 모델링을 시작하고자 하는 IT 초년생부터 데이터 모델을 잘 설계하고 싶은 애플리케이션 개발자까지, 데이터 모델링을 잘하고 싶고 공부하고 싶은 모든 분께 꼭 도움이 되는 책이 되었으면 합니다.

2021년 5월
박종원

목차

2장
데이터 모델링 시작하기

3장
논리 데이터 모델링

4장
물리 데이터 모델링

1장

데이터 모델링 개요

1. 데이터 모델링이란?

데이터 모델링이란 복잡한 현실 세계에 존재하는 다양한 업무를 컴퓨터에 저장하기 위한 구조로 설계하는 과정이다. 현실의 업무 처리 과정에서 발생하는 데이터 또는 정보처리 요구사항을 체계적으로 관리하기 위한 기법을 데이터 모델링이라고 한다.

[그림1-1]

데이터 모델은 정보 시스템을 구축하고 업무 정책을 설계하거나 또는 기업전략을 바꾸기 위한 청사진이며 계획이다.(Zachman, 1987)

데이터 모델이 제공하는 것은

- 시스템을 현재 또는 원하는 모습으로 가시화하도록 도와준다
- 시스템의 구조(Data)와 행동(Process)을 명세화 할 수 있게 한다
- 시스템을 구축하는 틀을 제공한다
- 결정한 내용을 문서화하게 해준다
- 한 영역에 집중하기 위해 다른 영역의 세부사항은 숨기는 다양한 관점의 뷰를 제공한다
- 특정 목표에 따라 다양한 상세수준을 제공한다

데이터 모델링은 첫째, 데이터의 골격부터 명확히 정의하고 둘째, 봐야 할 것과 보지 말아야 할 것을 구별하며 셋째, 먼저 봐야 할 것과 나중에 볼 것을 구분해서 진행하여야 한다.

데이터 모델링은 건축물의 뼈대처럼 데이터의 뼈대, 즉 데이터의 구조를 설계하는 과정이며 설계 결과에 따라 시스템의 성패가 달려있다 해도 과언이 아니다. 업무 요건이 시간의 흐름에 따라 변화되고 변경되어도 데이터 모델은 이에 따라 큰 흔들림 없이 업무의 적용 가능하도록 작성되어야 하고 데이터 구조를 잘 반영해야 한다.

데이터의 중요성은 초기부터 인식된 것은 아니고 근래 들어 점점 더 중요하게 인식되고 있다.

초기의 소프트웨어 개발방법론 중 구조적 방법론은 프로세스 중심의 개발 방법론으로써 데이터는 프로세스에 속하고 프로세스의 절차에서 단순히 입력·출력되는 저장소로 간주되었다.

데이터 관련 산출물은 DFD(Data Flow Diagram)를 작성하였는데 프로세스 상에서의 데이터의 입력·출력, 데이터 흐름 및 데이터의 저장소를 표기한다. 구조적 방법론은 프로세스 중심이어서 데이터 모델링이 미흡하고 데이터와 관련한 정보 공유의 문제점이 발생하여 결국 데이터의 무결성에 영향을 주게 된다. 업무 프로세스 변화 시 영향을 많이 받고 이로인해 재설계를 해야 하는 등의 문제점을 안고 있다.

그 이후 정보공학 방법론은 데이터가 프로세스에 종속적인 것이 아닌 독립적인 것으로 프로세스와 데이터를 각각의 축으로 하여 모델링을 수행하고 CRUD 매트릭스 등의 상호분석을 통해 프로세스와 데이터를 보완하는 단계를 거친다. 데이터 중심의 모델링을 함으로써 업무 및 환경 변화에 유연한 시스템을 구축할 수 있게 되었다.

데이터 모델링 시 중요 요소는 데이터 중복 배제, 데이터 유연성 확보 및 데이터 일관성 유지라 할 수 있다.

1. 데이터 중복(Redundancy) 배제

데이터 모델링 시 하나의 데이터를 여러 장소에서 관리하는 것을 지양해야 한다. 즉, 데이터 중복을 배제해야 한다. 하나의 데이터는 하나의 장소(One Fact One Place)에서 관리되어야 한다.

2. 데이터 유연성(Flexibility) 확보

업무 변화에 따른 데이터 모델의 변경을 최소화하여야 한다. 사소한 업무 변화에도 데이터 모델을 변경해야 한다면 데이터 모델이 미흡하게 설계된 것이다. 이러한 경우 유지보수의 어려움이 발생한다.

3. 데이터 일관성(Consistency) 유지

  사전적 의미로는 서로 다른 순간에 서로 다른 위치에 있는 변수들에
  대하여 데이터의 적합성을 유지하는 것이다. 정보가 다양한 응용 프로
  그램간에 데이터가 이동할 때 정보를 균일하게 유지하는 것이다.

실무에서 프로젝트를 수행함에 있어 데이터가 중복되지 않게 설계하는
것은 현실적으로 많은 어려움이 있으며 데이터 모델러의 의지가 필요하
다.

프로젝트팀은 데이터를 설계하는 팀과 화면상에 기능을 구현하는 팀으
로 크게 구분할 수 있는데 두 팀 간의 협력과 소통이 매우 중요하다. 그러
나 데이터팀과 기능팀과의 사이에는 불협화음이 항상 존재하며 데이터
가 중복되게 설계되는 사례가 비일비재하다.

데이터의 중복 관리 시 가장 큰 문제는 데이터의 일관성이 훼손될 수 있
다는 것이다. 하나의 데이터가 여러 테이블에 존재하는 경우 동일한 값이
다르게 저장될 수 있고 조회 시 어떤 값이 맞는 것인지 혼란스러운 경우
가 발생한다.

이런 일이 자꾸 발생하면 정보를 균일하게 유지하기 위한 유지보수 비용
이 발생한다. 구체적인 예를 들어보자. 특정 컬럼이 여러 테이블에 존재
하면 이 데이터 간의 일관성 유지를 위해 해당 컬럼의 값을 변경할 시 다
른 테이블에 존재하는 데이터도 일관되게 변경되어야 한다. 이를 위해 트
랜잭션으로 관리하거나 야간에 배치 프로그램을 작성하여 일치시키는
등의 유지보수 비용이 발생하게 된다.

2. 데이터 모델링 성공요소

데이터 모델링은 업무 요건을 파악하여 업무를 효율적으로 처리하기 위한 데이터 구조를 설계하는 과정이다. 그러기 위해서는 업무에 능통한 현업사용자와 함께 모델링을 진행하여 업무 요건의 누락됨이 없이 데이터 모델을 완성할 수 있도록 지원받아야 한다. 현업 업무 담당자는 업무 프로세스 기반하에 업무를 이해하는 경우가 많은데 데이터 모델러는 프로세스에서 데이터를 보고 어떻게 데이터가 관리되어야 할지 끊임없이 고민하여 구조를 설계해 나아가야 한다.

프로세스 흐름 상에 발생하는 데이터를 중복으로 관리할 것이 아니라 무결성을 고려하여 하나의 데이터만을 관리할 수 있도록 설계해야 한다. 이 과정에서 개념화 및 정규화 기법을 적용하여 중복 데이터를 제거해 나아가야 한다.

또한, 데이터 모델링 과정에서 중요한 것은 보아야 할 것과 보지 말아야 할 것, 먼저 보아야 할 것과 나중에 보아야 할 것을 결정하는 것이다.

즉, 지엽적인 업무에 매달리거나 없어진 업무 등 불필요한 업무에 매달려서 시간을 허비하고 납기를 지연하거나 품질이 저하되어서는 안 된다.

데이터 모델링의 성공요소는

- 업무에 능통한 현업사용자와 함께 데이터 모델링을 진행하라
- 프로세스보다는 데이터에 초점을 두고 모델링을 진행하라
- 데이터의 구조(Structure)와 무결성(Integrity)을 함께 고려하라
- 개념화(Conceptualization)와 정규화(Normalization) 기법을 적용하라
- 보아야 할 것과 보지 말아야 할 것을 명확히 구별하라
- 먼저 보아야 할 것과 나중에 볼 것을 구분하라
- 가능하면 도형(Diagram)을 이용하여 업무를 표현하라

3. 데이터 모델링 구성요소

데이터 모델의 구성요소는 엔터티, 관계 및 속성이다.

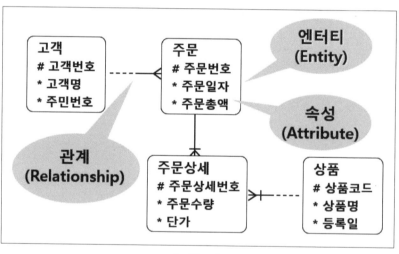

[그림1-2]

- **엔터티(Entity)** : 업무가 다루는 사항(대상)
- **관계(Relationship)** : 업무가 다루는 사항(대상)들 사이에 존재하는 연관
- **속성(Attribute)** : 각 사항(대상)이 가지고 있는 상세한 특성

데이터 모델링을 통해 생성된 데이터 모델은 엔터티, 엔터티 간의 관계 및 엔터티에 포함된 속성이 전부이다. 속성은 식별자와 일반 속성으로 구분된다.

생각하기에 따라서는 간단한 결과물이다. 그러나, 업무의 복잡도가 높아지면 높아질수록 3개의 구성요소만으로도 매우 복잡한 결과물이 생성된다. 데이터 모델만 보고도 개발을 잘 진행하는 데에는 생각보다 많은 경험과 노력이 필요하다.

4. 데이터 모델 유형

데이터 모델의 유형에는 개념 데이터 모델, 논리 데이터 모델 및 물리 데이터 모델이 있다. 개념, 논리 및 물리 데이터 모델을 데이터 모델링 단계라고 부르기도 한다. 왜냐하면 개념 데이터 → 논리 데이터 → 물리 데이터 모델링의 순서로 모델링을 진행하기 때문이다. 업무가 비교적 간단한 경우에는 개념 데이터 모델을 생략하기도 한다.

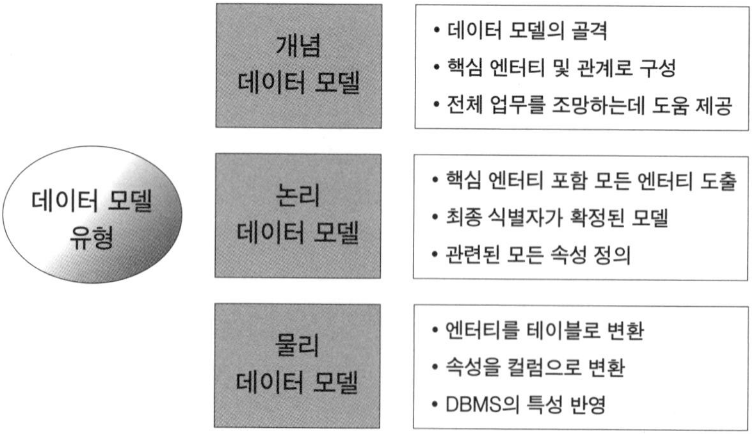

데이터 모델 유형		
	개념 데이터 모델	• 데이터 모델의 골격 • 핵심 엔터티 및 관계로 구성 • 전체 업무를 조망하는데 도움 제공
	논리 데이터 모델	• 핵심 엔터티 포함 모든 엔터티 도출 • 최종 식별자가 확정된 모델 • 관련된 모든 속성 정의
	물리 데이터 모델	• 엔터티를 테이블로 변환 • 속성을 컬럼으로 변환 • DBMS의 특성 반영

[그림1-3]

참고로 데이터 모델링은 모델러가 데이터 모델을 작성하는 과정 또는 행위이고 데이터 모델은 그 결과물이다. 데이터 모델은 ERD(Entity-Relationship Diagram)로 도식화된다.

4.1 개념 데이터 모델

개념 데이터 모델링은 주제영역별로 분류한 업무에서 핵심 엔터티를 도출하고 엔터티 간의 관계를 정의하여 전체 데이터 모델의 골격을 생성하며 구조화한다. 핵심 엔터티의 집합을 정의하고 집합을 구성하는 구성요소를 서브타입으로 표현하며 명확화하여 개념 데이터 모델을 생성한다.

개념 데이터 모델링 시에는 엔터티의 식별자를 정의하여 관계를 설정하는 경우와 식별자 없이 관계를 설정하는 경우가 존재한다. 식별자 없이 개념 데이터 모델을 생성하는 경우는 건축물의 조감도처럼 전체 업무를 조망하기 위한 선제 작업이고 식별자를 정의하여 개념 데이터 모델을 생성하는 경우는 좀 더 엔터티를 명확화하고 구조화하기 위해서다. 개념 데이터 모델은 논리 데이터 모델링을 하기 위한 기초 정보로 활용된다.

4.2 논리 데이터 모델

논리 데이터 모델링은 개념 데이터 모델링에서 정의한 핵심 엔터티와 관계를 바탕으로 핵심 이외의 모든 엔터티를 도출하고 식별자를 확정하며 관련 속성을 모두 정의한다. 또한, 정규화 작업 등을 통하여 데이터 모델을 상세화한다.

논리 데이터 모델링은 다양한 업무를 저장하고 관리하기 위한 구조를 설계하는 과정이다. 논리적인 데이터의 집합, 집합 간의 관계 및 관리항목을 정의하여 도식화한다. 데이터 모델의 구성요소인 엔터티, 관계 및 속성을 정의하고 작도하여 최종 ERD를 생성한다.

이렇게 작성된 논리 데이터 모델은 해당 업무의 범위와 업무를 표현하고 업무를 이해하는 데 도움을 제공하며 모델러, 개발자와 관리자 등 이해당사자 간에 의사소통을 위한 도구로 활용된다.

4.3 물리 데이터 모델

물리 데이터 모델링은 논리 데이터 모델을 기초로 DBMS의 특성 및 성능을 고려하여 물리 데이터 모델로 변환한다. 물리 데이터 모델은 DB 오브젝트를 생성하기 위한 DDL 스크립트를 제공한다.

물리 데이터 모델링 시 엔터티는 테이블로, 속성은 컬럼으로 변환하고 관계는 결국 속성으로 표현되므로 속성과 같이 컬럼으로 변환한다.

5. 데이터 모델 표기법

데이터 모델의 표기법은 IE(Information Engineering), Barker, IDEF1X 등의 표기법이 있다. 이를 지원하는 모델링 툴(Tool)은 국산 또는 외국산 이 존재하며 여건에 맞게 선정하여 사용하면 된다.

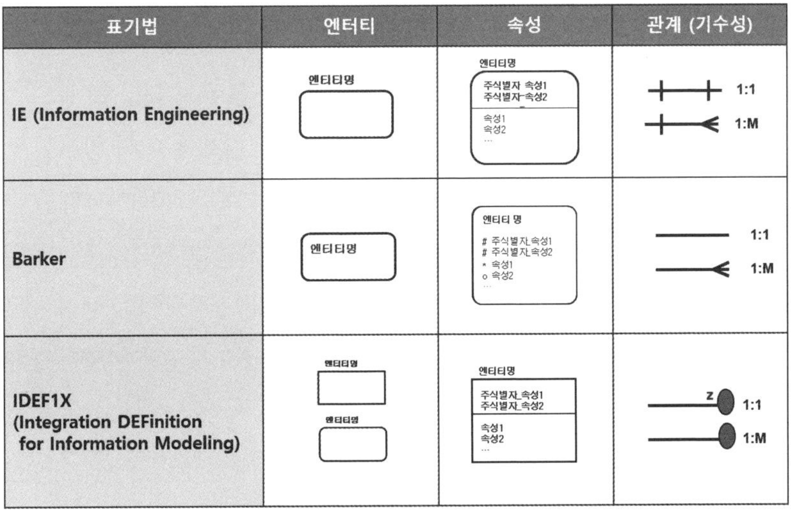

[그림1-4]

표기법의 차이점을 보면 엔터티 BOX에서 엔터티명이 어디에 위치하는 가, 식별자의 표기를 어떻게 하는가, 또는 1:1이나 1:M 관계의 표기가 어 떻게 되는가 등이 다르지만 의미적으로 모두 같은 것을 나타낸다.

6. 데이터 모델링 접근 방식

데이터 모델링의 접근 방식은 하향식(Top-Down) 모델링과 상향식 (Bottom-Up) 모델링으로 구분한다. 실무에서는 두 가지 방식이 모두 적용된다. 대부분의 차세대 시스템은 기존에 AS-IS 시스템이 존재하고 신규 업무를 추가하기 위하여 프로젝트를 추진하는 경우가 대다수이다.

즉, 기존 AS-IS 시스템에 많은 문제가 있고 업무 변화에 따라 발생한 신규 업무를 AS-IS 시스템이 수용하기가 어렵거나 복잡하여 차세대를 추진한다. 따라서, AS-IS 시스템을 상향식 모델링으로 분석하여 문제점을 파악하고 개선사항을 도출하여 개선된 TO-BE 데이터 모델을 생성한다. 신규 요건은 하향식 모델링을 병행해서 최종 TO-BE 모델에 반영하게 된다.

6.1 하향식 모델링

하향식(Top-Down) 모델링은 현재 존재하지 않는 시스템을 새롭게 구축할 때 사용한다. 즉, 데이터 모델이 존재하지 않는 백지상태에서 데이터 모델링을 해야 한다. 아무 정보도 없는 상태에서 업무 요건을 파악하고 핵심 엔터티를 도출하고 관계를 설정하며 속성을 정의하여 데이터 모델을 완성해 가는 방식이다. 무(無)에서 유(有)를 창조하는 작업으로 신규 서식, 출력 양식, 신규 화면 또는 데이터 요소가 표현된 문서 등을 기초로 데이터 모델을 생성한다.

하향식 모델링은 이 책의 3장에서 기술하는 논리 데이터 모델링의 진행 절차와 같다.

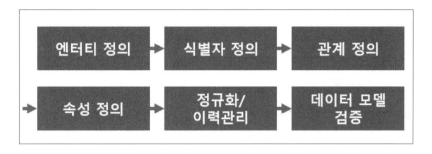

[그림1-5]

6.2 상향식 모델링

상향식(Bottom-Up) 모델링은 AS-IS 시스템이 존재하는 경우에 해당한다. 현행 데이터 모델을 분석하여 문제점을 파악하고 개선사항을 도출하여 개선된 TO-BE 데이터 모델을 생성하는 방식이다.

상향식 모델링의 Task는 다음과 같다.

주요 Task	수행 내역
1 **리버스 모델링**	• 현행 DB에서 오브젝트(테이블 등) 정보를 추출 • 모델링 툴의 기능을 활용하여 리버스 모델 생성 • 역공학(Reverse Engineering)이라고도 함 • 현행 ERD가 제대로 관리된다면 불필요한 Task
2 **현행 논리 데이터 모델링**	• 리버스 모델 또는 현행 모델을 기준으로 논리화 하는 과정 • 엔터티의 명확화 및 엔터티 간의 관계 설정 • 속성 유형 파악
3 **현행 개념 데이터 모델링**	• 현행 논리 데이터 모델을 기준으로 핵심 엔터티를 도출하고 관계 설정 • 엔터티의 속성을 제거하여 단순화함
4 **문제점 파악 / 개선방안 수립**	• 현행 개념·논리 데이터 모델을 기준으로 데이터 모 델의 문제점 파악 • 개선방안 수립
5 **TO-BE 개념 데이터 모델링**	• 현행 데이터 모델의 개선방안을 반영하여 TO-BE 개념 데이터 모델 작성
6 **TO-BE 논리·물리 데이터 모델링**	• 현행 데이터 모델의 개선방안을 반영하여 TO-BE 논리·물리 데이터 모델 작성

[그림1-6]

리버스 모델링은 AS-IS 시스템의 ERD가 없거나 부실한 경우에 모델링 툴을 이용하여 시스템에서 ERD를 역으로 생성하는 방법이다. 현행 ERD가 제대로 운영되고 있다면 불필요한 단계이다.

리버스 모델링을 통해서 생성된 ERD는 테이블만 추출되고 테이블 간의 관계는 없으며 아주 산만하고 무의미한 형태로 생성되는 경우가 허다하다. 리버스된 모델을 바탕으로 테이블을 재배치하고 관계를 설정하는 작업을 수행한다.

현행 논리 데이터 모델링은 기계적으로 생성된 리버스 모델을 기준으로 논리화하는 과정이다. 논리적인 엔터티로 명확화하고 엔터티 간의 관계를 설정하며 속성의 특성을 파악하여 상세 정의하는 등의 작업을 진행한다.

현행 논리 데이터 모델링 업무를 더 상세히 알아보자. 엔터티를 파악하고 식별자를 파악하여 식별자에 따라 일차적으로 엔터티 간의 관계를 설정한다. 이차적으로 데이터 분석을 통해 엔터티 간의 부모 관계를 심도 있게 분석하여 관계를 보완 설정한다. 핵심 엔터티를 파악하여 관리하고자 하는 것이 무엇인지, 구성요소가 무엇인지를 파악하여 서브타입으로 표현하고 엔터티를 명확화한다. 추가로 기본속성, 설계속성 및 파생속성 등의 속성 유형을 파악하여 표기한다. 이는 TO-BE 모델링 시 기초 정보로 활용된다.

현행 개념 데이터 모델링은 현행 논리 데이터 모델에서 핵심 엔터티를 도출하고 관계를 설정하여 전체 업무를 조망할 수 있도록 한다. 전체 업무를 표현하기 위해서 간략화 및 단순화가 필요하며 많은 정보는 전체 업무를 조망하는데 오히려 역효과이므로 속성은 모두 배제하고 식별자만으로 구성하여 ERD를 간략화한다.

문제점 파악 및 개선방안 수립 단계에서는 현행 논리·개념 데이터 모델링에서 생성된 데이터 모델을 기준으로 문제점을 파악하고 개선방안을 수립한다. 그리고 그 결과를 TO-BE 데이터 모델에 반영한다. 데이터 모델의 문제점 파악은 데이터 모델링의 중요 요소인 데이터의 중복 문제, 데이터 유연성 부분 및 데이터의 일관성을 고려하여 현행 데이터 모델을 분석하여 개선방안을 도출하는 것이다. TO-BE 개념 데이터 모델링에서는 현행 개념 데이터 모델의 개선방안을 반영하여 TO-BE 개념 데이터 모델을 생성한다.

TO-BE 논리·물리 데이터 모델링에서는 현행 논리 데이터 모델의 개선방안을 반영하여 TO-BE 논리·물리 데이터 모델을 생성한다.

7. 생각해 봅시다

부서 및 사원 엔터티가 있고 엔터티 간의 관계가 다음과 같이 4가지 형태
로 설계되었다고 할 때 어느 것이 맞는 데이터 모델인지 생각해 보자.

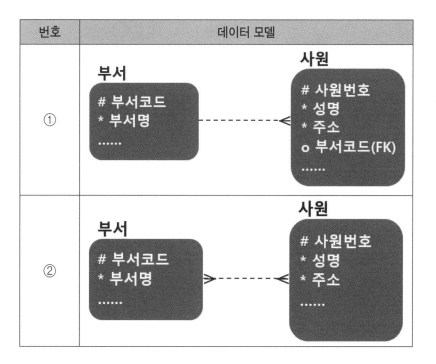

번호	데이터 모델
①	**부서** # 부서코드 * 부서명 ...... **사원** # 사원번호 * 성명 * 주소 o 부서코드(FK) ......
②	**부서** # 부서코드 * 부서명 ...... **사원** # 사원번호 * 성명 * 주소 ......

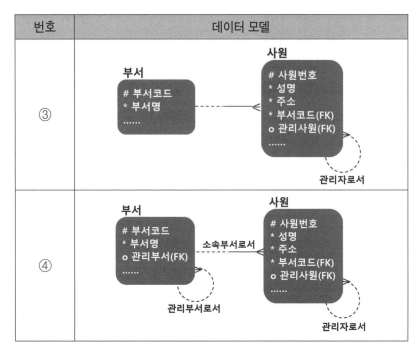

번호	데이터 모델
③	
④	

정답부터 보면 모두 맞는 데이터 모델이다. 각각의 경우에 대해 살펴보자.

① 하나의 부서는 사원이 없거나 한 명 이상의 사원이 존재하고 사원은 하나의 부서에 소속될 수 있거나 부서가 없을 수 있음

② 하나의 부서는 사원이 없거나 한 명 이상의 사원이 존재하고 사원은 여러 부서에 소속될 수 있거나 부서가 없을 수 있음

③ 하나의 부서는 사원이 없거나 한 명 이상의 사원이 존재하고 사원은 하나의 부서에 반드시 소속되어야 함. 또한, 사원은 관리자가 존재함

④ 하나의 부서는 사원이 없거나 한 명 이상의 사원이 존재하고 사원은 하나의 부서에 반드시 소속되어야 함. 또한, 사원은 관리자가 존재하고 부서도 관리부서가 존재함

회사의 규모와 규정에 따라 사원이 입사와 동시에 특정 부서에 발령될 수도 있고, 한동안 소속 부서가 없다가 나중에 발령될 수도 있다. 관리자가 있을 수도 있고 없을 수도 있으며, 조직이 계층 구조를 가질 수도 있고 그렇지 않을 수도 있다. 따라서, 데이터 모델링 시 해당 업무를 철저하게 파악하고 향후 변경 가능성을 고려하여 설계를 진행해야 한다.

8. 용어

논리 모델링	데이터베이스	파일 시스템
엔터티(Entity)/릴레이션(Relation)*	테이블(Table)	파일(File)
속성/어트리뷰트(Attribute)	컬럼(Column)	필드(Field)
식별자(Unique Identifier, UID)	기본키(Primary Key, PK)	키(Key)
튜플(Tuple)	행(Row)	레코드(Record)

---

* 릴레이션 : 관계형 데이터모델에서의 표현

2장

데이터 모델링 시작하기

1. 개요

2장에서는 데이터 모델링에 관해 이론적으로 설명하기 전에 데이터 모델링의 진행 과정을 단계적으로 알아보며 데이터 모델링을 이해하는 데 도움이 되는 내용을 다룬다.

먼저 간단한 비디오 렌탈 업무에 관해 데이터 모델링을 진행하는 과정을 알아본다. 그다음에는 대학 학사 업무에 관해 자세히 업무별로 진행 과정을 알아보자.

2. 비디오 렌탈 업무

실습으로 다음과 같은 간단한 비디오 렌탈 업무부터 진행해 보자. 비디오 렌탈 업무의 요건은 아래와 같고 해당 내용을 충분히 숙지하자. 데이터 모델링은 업무의 충분한 이해로부터 시작된다.

나는 조그마한 비디오 가게를 운영하고 있으며 이곳에서 관리할 테이프를 3,000개 이상 보유하고 있다. 각 비디오테이프는 테이프 번호를 가지고 있으며 영화마다 제목과 종류(예를 들어 코미디, 공포, 드라마, 액션, 전쟁 등)를 알 필요가 있다. 우리는 영화당 많은 테이프를 보유하고 있으며, 영화마다 특정 번호를 부여하고 각 테이프가 어떤 영화를 포함하고 있는지 관리한다.

테이프는 Beta 혹은 VHS 방식일 수 있다. 우리는 각 영화를 위해 적어도 한 개 이상의 테이프를 보유하고 있으며, 각 테이프는 항상 한가지의 영화를 담고 있다. 보유한 테이프의 길이는 매우 길어 복수의 테이프로 된 영화는 하나도 없다. 우리는 특정 배우가 출연한 영화를 자주 찾는다. 그래서 우리는 영화마다 주연배우를 알 필요가 있으며 본명 및 생년월일까지도 알고자 한다. 우리는 보유하고 있는 영화의 주연들에 대한 정보만 관리하고 싶다.

우리는 많은 고객을 보유하고 있으며 신용고객클럽에 가입한 회원들에게만 테이프를 대여한다. 이 클럽에 가입하기 위하여 고객은 좋은 신용을 가져야 하며 회원들의 성명, 주소, 전화번호, 회원번호를 관리하고자 한다.

우리는 고객이 현재 어떤 테이프를 빌려 갔는지를 관리하고자 하며 고객은 한 번에 여러 개의 테이프를 빌려 갈지도 모른다. 또한, 우리는 현재의 대여 정보만 관리하지 과거의 이력 정보는 관리하지 않는다.

위의 문장(요건)을 보고 데이터 모델링을 진행해야 한다. 먼저, 엔터티를 도출하고 식별자를 정의하며 엔터티 간의 관계를 설정한 후 각각의 엔터티에 종속적인 속성을 도출해야 한다.

그러면 각 문장(요건)을 파악하여 엔터티를 도출해 보자. 먼저, 행위의 주체인 고객 엔터티가 필요하고 비디오테이프를 대여하는 가게이므로 테이프 엔터티가 필요하며 테이프에 대한 특성으로 영화 및 배우 엔터티가 필요해 보인다. 도출한 엔터티를 스케치하자.

[그림2-1]

도출한 엔터티에 식별자를 부여하고 관계를 설정하고 속성을 정의하자.
데이터 모델의 결과는 다음과 같다.

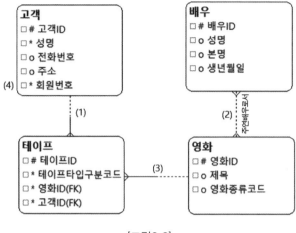

[그림2-2]

데이터 모델 설명은 다음과 같다.

① **고객 엔터티와 테이프 엔터티의 관계는 1:N으로 설정**

> 우리는 고객이 현재 어떤 테이프를 빌려 갔는지를 관리하고자 하
> 며 고객은 한 번에 여러 개의 테이프를 빌려 갈지도 모른다. 또한,
> 우리는 현재의 대여 정보만 관리하지 과거의 이력 정보는 관리하지
> 않는다.

"고객은 한 번에 여러 개의 테이프를 빌려 갈지도 모른다"라는 문구에서
고객 엔터티와 테이프 엔터티의 관계를 1:N으로 인지할 수 있고 또한 선
택성(선택사양)을 알 수 있다.

② 배우 엔터티와 영화 엔터티의 관계는 M:N으로 설정

우리는 특정 배우가 출연한 영화를 자주 찾는다. 그래서 우리는 영화마다 주연배우를 알 필요가 있으며 본명 및 생년월일까지도 알고자 한다. 우리는 보유하고 있는 영화의 주연들에 대한 정보만 관리하고 싶다.

"영화마다 주연배우를 알 필요가 있으며"라는 문구에서 영화에 한 명의 주연배우가 있는 것으로 보이나 상식적으로는 하나의 영화에 N명의 주연배우가 존재하므로 M:N 관계로 설정한다.

③ 영화 엔터티와 테이프 엔터티의 관계는 1:N으로 설정

우리는 영화당 많은 테이프를 보유하고 있으며, 영화마다 특정 번호를 부여하고 각 테이프가 어떤 영화를 포함하고 있는지 관리한다.
우리는 각 영화를 위해 적어도 한 개 이상의 테이프를 보유하고 있으며, 각 테이프는 항상 한가지의 영화를 담고 있다. 보유한 테이프의 길이는 매우 길어 복수의 테이프로 된 영화는 하나도 없다.

"각 영화를 위해 적어도 한 개 이상의 테이프를 보유하고 있으며"라는 문구에서 영화 엔터티와 테이프 엔터티의 관계는 1:N임을 알 수 있다.

④ 고객은 회원번호가 반드시 존재해야 함

> 우리는 많은 고객을 보유하고 있으며 신용고객클럽에 가입한 회원
> 들에게만 테이프를 대여한다.

"신용고객클럽에 가입한 회원들에게만 테이프를 대여한다"라는 문구에서 회원 번호는 필수 속성(NOT NULL)임을 알 수 있다.

위와 같이 문장(요건)에 따라 데이터 모델링을 진행하였다. 여기서 좀 더 생각해 보자.

첫째, 배우 및 영화 엔터티 관계를 M:N으로 설정하였다. M:N 관계를 해소하기 위한 연관(Associative) 엔터티를 생성해야 한다.(3장 논리 데이터 모델링의 4.2 관계형태 참조) 이를 영화출연배우 엔터티라고 명명하자.

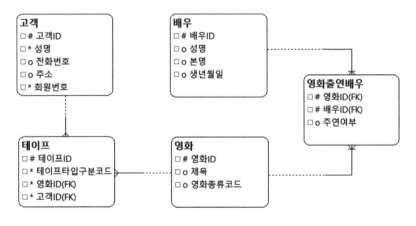

[그림2-3]

둘째, 요건상 현재의 대여 정보만 관리하므로 고객 엔터티와 테이프 엔터티 간의 관계를 1:N으로 설정하였다. 즉, 테이프 대여 시 테이프 엔터티의 고객ID가 갱신되는 형태이다. 그런데, 만약 테이프별 대여 순위 TOP10 등 대여 현황 분석을 하고자 한다면 위의 구조에서는 불가능하다. 고객 엔터티와 테이프 엔터티 간의 관계를 M:N으로 수정하고 연관 엔터티인 테이프대여내역 엔터티를 추가한다.

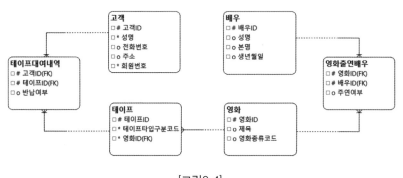

[그림2-4]

셋째, 대여 기간이 긴 블랙 고객의 정보를 추출하고자 한다면 위의 구조에서는 알 수가 없다. 따라서, 다음과 같이 대여시작일자 및 대여종료일자를 관리하여 고객의 블랙 리스트를 관리할 수 있도록 데이터 모델을 수정하자.

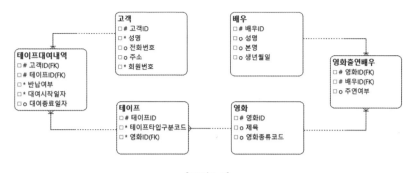

[그림2-5]

초기에 요건을 파악하여 데이터 모델을 완료하였지만 업무를 좀 더 심도 있게 검토하여 데이터 모델을 확장할 수 있었다. 요건을 수용하고 업무 변경 시 유연하게 대응할 수 있으며 확장이 용이하도록 데이터 모델을 설계해야 한다.

3. 대학 학사 업무

대학 업무는 크게 학사, 행정 및 연구 업무로 구분된다. 대학의 핵심 업무인 학사 업무에 대해 데이터 모델링을 진행해 보자. 행정 업무에서는 교원 및 직원인사 업무의 일부를 학사 업무와 같이 진행하자.

학사·행정 업무 예시는 다음과 같다.

대분류	중분류	소분류	주요 업무
학사	1. 입시관리	원서접수	
		입시성적	
		입시사정	
		합격자관리	
	2. 학적관리	입학처리	
		학적기본	
		학적변동	• 휴학, 복학 등 학생 신분 변동 관리
	3. 교과관리	수업환경	• 강의실 관리
		교과목	• 교과목 마스터관리 • 대체과목 관리 • 선수과목 관리
		교과과정	• 교과과정 관리 • 강의교수 관리
		수업시간표	
		강의계획서	
		강사료관리	

대분류	중분류	소분류	주요 업무
학사	4. 수강관리	수강배정	• 강의실 배정
		수강신청	
	5. 성적관리	성적입력	
		성적처리	
	6. 장학관리	장학기준관리	
		장학생관리	
	7. 등록관리	등록기준관리	• 등록금 책정 기준 관리
		등록대상자관리	• 등록금 책정에 따른 대상자 관리
		등록처리	• 은행으로부터 수신된 등록금 납부 처리
		환불처리	• 휴학·자퇴 등 등록금 환불 처리
	8. 졸업관리	졸업대상자관리	• 졸업 대상자 관리
		졸업사정관리	• 졸업 적격 여부 판단 관리
		졸업확정관리	• 졸업 사정에 따른 확정 관리 (학위번호 부여)
행정	1. 교원인사	채용관리	
		인사기본	
		임용관리	• 교수 임용관리
		시간강사	
	2. 직원인사	채용관리	
		인사기본	
		근무성적평정	
		임용관리	• 직원 인사발령, 승진·승급 관리
		교육훈련	

3.1 행위의 주체 찾기

다양한 업무에서 데이터 모델링을 진행하는 데 있어 선행해서 검토해야 할 것은 행위의 주체를 찾는 것이다. 학사·행정 업무에서 행위의 주체는 무엇일까 스케치해 보자.

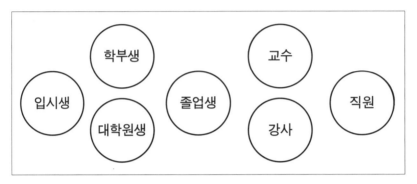

[그림 2-6]

행위의 주체		설명
학생	입시생	해당 대학에 입학원서를 제출한 학생
	학부생	고등학교를 졸업하고 입시를 통해 대학에 입학하여 재학중인 학생
	대학원생	대학을 졸업하고 입시를 통해 대학원에 입학하여 재학중인 학생
	졸업생	학부생 또는 대학원생으로 학사 또는 석사 과정을 모두 마치고 졸업한 학생
교직원	교수	학교에 재직하는 조교수, 부교수, 정교수
	강사	시간제로 강의하는 자
	직원	학교 업무를 위해 고용된 자

학생의 정상적인 라이프사이클은 다음과 같다.

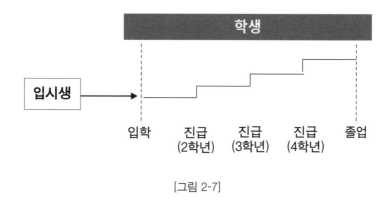

[그림 2-7]

일반적이라면 학생은 위와 같은 라이프사이클을 형성한다. 즉, 입학 후
진급(2~4학년)하고 최종 졸업을 한다. 경우에 따라서는 중간에 휴학도
하고 타교로 가기 위한 자퇴 또는 제적 등 예외적인 경우도 존재한다.

교수나 직원의 경우는 학생의 경우와 유사한 형태의 라이프사이클을 형
성하나 강사는 그렇지 않다. 강사는 특정 학기에만 강의를 한다. 즉, 다음
학기에도 강의할 수 있지만 그렇지 않은 경우도 존재한다. 또한 강사는
강의 시수만큼 강사료를 지급받는다.

그렇다면 행위 주체와 관련된 엔터티를 어떻게 구성할 것인가? 3장에서
설명하겠지만 키 엔터티는 될 수 있으면 통합해서 구성하는 것이 바람직
하다.

모델링 툴을 이용하여 위에서 언급한 행위의 주체를 스케치해 보자.

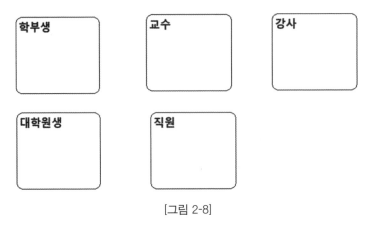

[그림 2-8]

3.2 행위의 주체 엔터티의 식별자 부여

식별자는 엔터티 내의 특정 건을 다른 것과 구별할 수 있도록 식별해 주는 하나의 이상의 속성과 관계의 조합이다. 앞에서 스케치한 행위 주체에 식별자를 부여해 보자.

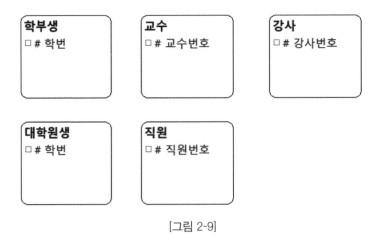

[그림 2-9]

행위의 주체 엔터티를 스케치한 후에 검토해 보면 엔터티 통합의 필요성을 알 수 있다. 물론 다수의 모델링을 진행한 경험이 있다면 앞에서와같이 스케치하는 과정은 생략하고 바로 통합된 엔터티를 정의할 수도 있을 것이다. 여기서는 데이터 모델링을 고민하는 과정을 보여주기 위해 단계별로 상세히 기술했다.

그렇다면 엔터티를 어떻게 통합할 수 있을까? 학생 엔터티와 교직원 엔터티로 각각 통합해 보자. 통합한 엔터티는 서브타입으로 표현하여 엔터티를 구체화한다.

[그림 2-10]

3.3 업무별 주요 엔터티 도출하기

3.3.1 학적관리 업무

중분류	소분류	주요 업무
2. 학적관리	입학처리	
	학적기본	
	학적변동	휴학 · 복학 등 학생 신분 변동 관리

학적관리 업무는 학생이 입시 후 합격했을 때 입학 처리를 하고 학적을 관리하며 휴학 또는 복학 등 학적이 변경되었을 때 학생의 라이프사이클 (생명주기)을 관리하는 학사 업무의 기본이 되는 업무이다.

앞 절에서 행위의 주체를 기술하면서 학적 엔터티를 도출하였으므로 여기서는 학적 변동에 관해 기술한다.

학생의 휴학 · 복학을 포함한 라이프사이클 예시는 다음과 같다.

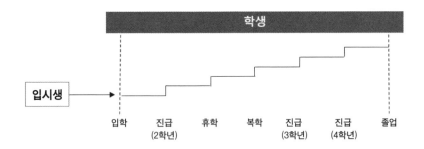

[그림 2-11]

학적 변동을 관리하기 위한 엔터티는 다음과 같다.

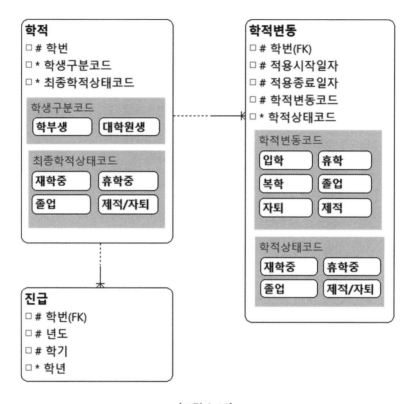

[그림 2-12]

학적 엔터티에 학생 신분의 최종 상태를 나타내기 위한 최종학적상태코드를 추가하여 현시점의 상태를 관리하고 학적변동 엔터티는 입학/휴학/복학/졸업 등의 이벤트 및 이력을 관리한다. 또한, 진급에 따른 학년 관리를 위해 진급 엔터티를 별도로 생성한다.

3.3.2 교과관리 업무

중분류	소분류	주요 업무
3. 교과관리	수업환경	• 강의실 관리
	교과목	• 교과목 마스터관리 • 대체과목 관리 • 선수과목 관리
	교과과정	• 교과과정 관리 • 강의교수 관리
	수업시간표	• 시간표 관리

교과관리 업무에서는 교과목 기준정보 관리와 교과목 간의 관계가 중요
하고 교과과정 및 해당 교과과정을 어느 교수가 강의할지를 관리하는 강
의 교수 엔터티가 중요한 엔터티가 된다.

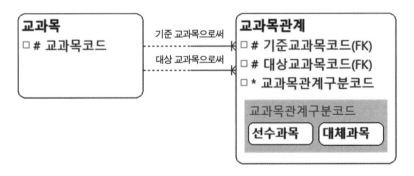

[그림 2-13]

교과목 관계 엔터티는 기준이 되는 교과목과 교과목 관계 구분(선수·대체)별 대상 교과목을 관리한다. 샘플 데이터는 다음과 같다.

교과목

교과목코드	교과목명	학점
1000000	컴퓨터 시스템 특강	3
1000001	컴퓨터 신기술 특강	3
1000002	컴퓨터 개론	3
1000003	자료구조론	3

교과목관계

기준교과목코드	대상교과목코드	교과목관계구분코드
1000000	1000001	대체과목
1000003	1000002	선수과목

데이터상으로 대체과목 및 선수과목에 대한 교과목관계구분을 정의하고 화면 개발 시 해당 데이터를 체크하는 기능 구현이 필요하다.

년도·학기별로 개설되는 교과목 엔터티와 강의 교수와의 관계를 나타낸 데이터 모델은 다음과 같다.

[그림 2-14]

여기서 생각해 보자. 위의 데이터 모델은 하나의 교과과정은 한 명의 교수만을 가진다. 즉, 교과과정이 개설되고 교수가 확정되면 학기가 끝날 때까지 무조건 해당 교수가 강의를 끝마쳐야 한다. 그런데, 만약 교수가 변고가 생겨 2개월 후에 다른 교수로 대체를 해야 한다면 위의 구조는 해당 내용을 수용할 수가 없다. 시간 강사인 경우 시수에 따라 강의료를 받게 되는데 해당 교과과정의 교수로 등재가 안 되는 것이다. 또는 시간 강사로 강의자가 바뀌면 초기 2개월 동안 강의했던 교수의 정보는 사라진다. 위의 구조에서는 두 명의 교수(강사) 관리를 할 수 없다. 해당 문제를 해결하기 위한 구조는 다음과 같다.

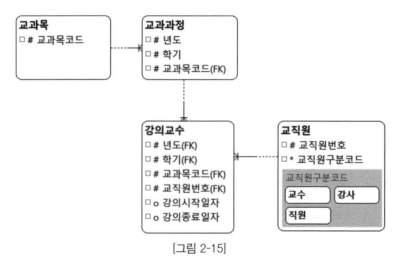

[그림 2-15]

강의교수 엔터티를 추가하고 교과과정 엔터티의 식별자와 교직원 엔터티의 식별자를 상속하여 생성한다. 또한, 일반 속성으로 해당 교수가 강의한 강의시작일자 및 강의종료일자를 추가하여 정확히 어느 기간만큼 강의하였는지를 관리한다. 만약, 한 명의 교수가 강의하였다면 강의시작일자와 강의종료일자는 NULL(없음) 처리를 하거나 학사일정을 참고하여 해당 값을 설정한다. 샘플 데이터는 다음과 같다.

교과과정

년도	학기	교과목코드
2020	1	1000002
2020	1	1000003

강의교수

년도	학기	교과목코드	교직원코드
2020	1	1000002	10000
2020	1	1000003	10001

교직원

교직원코드	교직원명	교직원구분코드		교직원구분명
10000	홍길동	1		교수
10001	홍길순	2		강사

교과별 시간표 관리는 다음과 같다. 해당 과목의 강의 요일과 교시를 관리한다.

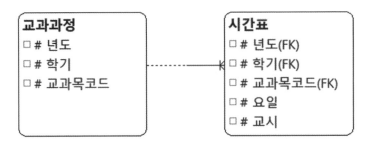

[그림 2-16]

3.3.3 수강관리 업무

중분류	소분류	주요 업무
4. 수강관리	수강배정	강의실 배정
	수강신청	

수강관리 업무에서 수강배정을 알아보자. 수강배정은 교과과정별로 강의실을 배정하는 업무다. 강의실을 배정하는 업무는 교과과정, 시간표 및 강의실 자원을 적절히 분배하는 업무이다.

강의실을 배정하기 전에 강의실 엔터티와 건물 엔터티 그리고 강의실 엔터티와 건물 엔터티 간의 관계를 어떻게 관리할 것인지를 생각해 보자. 강의실 엔터티의 구조에 따라 교과과정 엔터티와의 관계가 다르게 구성된다.

강의실 엔터티의 식별자 정의 시 건물 엔터티의 식별자를 상속할 것인지 아니면 일반속성으로 처리할 것인지를 검토해 보자.

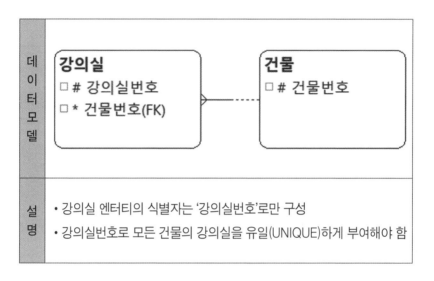

데이터모델	강의실 □ # 강의실번호 □ * 건물번호(FK) ──── 건물 □ # 건물번호
설명	• 강의실 엔터티의 식별자는 '강의실번호'로만 구성 • 강의실번호로 모든 건물의 강의실을 유일(UNIQUE)하게 부여해야 함

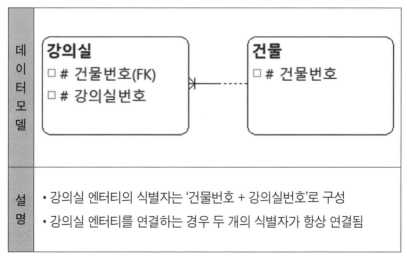

데이터모델	강의실 □ # 건물번호(FK) □ # 강의실번호 ──── 건물 □ # 건물번호
설명	• 강의실 엔터티의 식별자는 '건물번호 + 강의실번호'로 구성 • 강의실 엔터티를 연결하는 경우 두 개의 식별자가 항상 연결됨

강의실의 두 가지 구조에 따른 교과과정을 다시 표현하면 다음과 같다. 즉, 교과과정 엔터티에 강의실번호만 관리할지 아니면 '강의실번호 + 건물번호'까지 관리해야 할지를 결정한다.

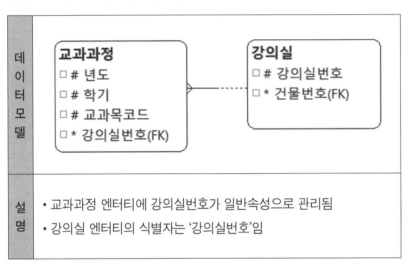

데이터모델	
설명	• 교과과정 엔터티에 강의실번호가 일반속성으로 관리됨 • 강의실 엔터티의 식별자는 '강의실번호'임

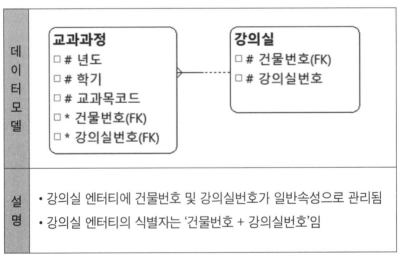

데이터모델	
설명	• 강의실 엔터티에 건물번호 및 강의실번호가 일반속성으로 관리됨 • 강의실 엔터티의 식별자는 '건물번호 + 강의실번호'임

다음에 살펴볼 수강신청 업무는 학생이 개설된 교과목을 보고 강의를 신청하는 업무다. 실제로는 각 학교의 교칙에 따라 수강 배정을 하고 수강 신청 후 강의실을 변경하거나 분반하는 경우가 존재하나 여기서는 단순화하여 수강배정 후 수강신청을 하는 것으로 정의한다. 또한, 학교에 따라 수강 신청 시 학과·학년별로 수강해야 하는 교과목을 지정해 주고 신청만 하기도 한다.

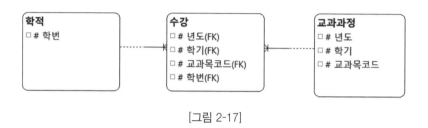

[그림 2-17]

지금까지 조각조각 생성했던 학적, 교과목, 교과과정, 강의교수, 시간표 등의 데이터 모델을 하나로 합쳐서 도식화하면 다음 페이지의 데이터 모델과 같다.

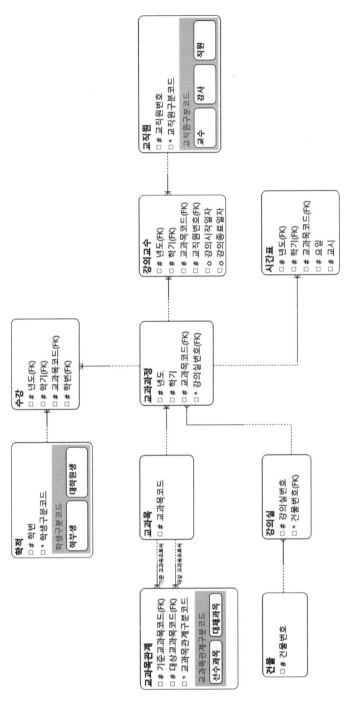

[그림 2-18]

구조를 보니 그럴듯해 보인다. 각각의 속성을 종속성을 판단하여 배치하면 된다.

그런데 모델을 보면 눈에 띄는 것이 있다. 교과과정이 개설되면 강의실이 할당되는데 그러면 한 학기 내내 강의실 변경 없이 강의가 이루어질 수 있을까 하는 의문이 든다. 이런 문제를 해결하기 위해 강의실을 변경할 수 있도록 데이터 모델을 수정해 보자.

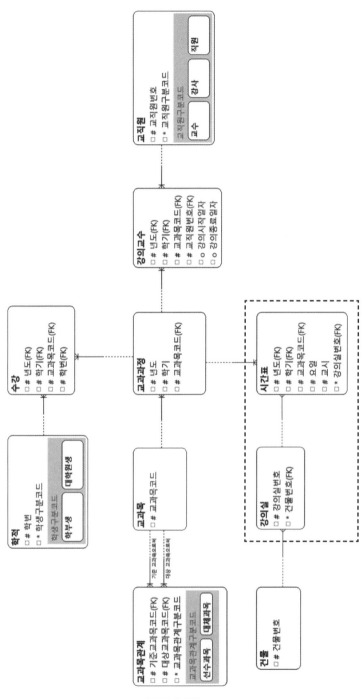

[그림 2-19]

앞 페이지와 같이 관계를 변경하면 강의 시간마다 강의실을 관리하기 때문에 변경 시에도 유연하게 관리할 수 있는 구조가 된다.

그런데 한 번 교과과정이 개설되고 강의실을 배정하면 한 학기 내내 변경이 없는 경우 해당 속성은 데이터의 중복이 발생한다. 예를 들어, 3학점인 교과목이고 한 학기가 17주(4개월)인 경우 51(=17*3)개 ROW의 강의실번호 속성값이 중복된다.

이러한 경우 업무적인 특성, 향후 변경 가능성 등을 고려하여 모델러가 구조를 어떻게 가져갈지를 결정해야 한다.

이처럼 모델러는 처음부터 끝까지 고민에 고민을 거듭하여 업무를 수용할 수 있는 구조를 만들고 앞으로 생기는 업무적인 확장까지 고려해야 하며 데이터 구조의 유연성도 고려하여 설계를 진행해야 한다.

3.3.4 성적관리 업무

중분류	소분류	주요 업무
5. 성적관리	성적입력	중간고사, 기말고시, 리포트 등 점수 입력
	성적처리	성적처리

성적관리 업무에서 성적입력 업무는 중간고사, 기말고사, 리포트 등의 점수를 입력하고 관리하는 업무이고 성적처리는 한 학기의 모든 시험이 종료된 이후에 학점 처리를 하는 업무이다.

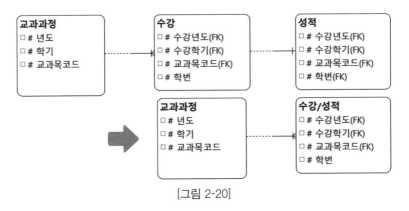

[그림 2-20]

성적업무는 수업을 진행하면서 발생하는 성적 데이터를 관리하기 위한 엔터티다. 수강 엔터티와 성적 엔터티는 1:1 관계이고 성적 엔터티가 수강 엔터티의 부분집합(Subset)이다. 수강신청 후 수강 취소를 하는 경우는 존재하지만 성적 엔터티는 실제로 한 학기 해당 과목을 수강하고 시험을 치러 학점을 인정받는 경우에 대한 집합이다. 따라서, 수강 엔터티와 성적 엔터티를 통합하여 수강/성적 엔터티를 생성한다. (3장 논리 데이터 모델링 4.2 관계형태 참조)

3.3.5 장학관리 업무

중분류	소분류	주요 업무
6. 장학관리	장학기준관리	장학코드 관리, 장학 선발 기준 관리
	장학생관리	장학 선발 기준에 따른 대상자 선정

장학관리 업무는 학생에게 장학금을 지급하기 위한 장학 기준 및 장학대
상자를 관리하는 업무다. 장학코드를 관리하는 장학코드 엔터티와 장학
대상자 엔터티는 다음과 같다.

[그림 2-21]

3.3.6 등록관리 업무

중분류	소분류	주요 업무
7. 등록관리	등록기준관리	등록금 책정 기준 관리
	등록대상자관리	등록금 책정에 따른 대상자 관리
	등록처리	은행으로부터 수신된 등록금 납부 처리
	환불처리	휴학·자퇴 등 등록금 환불 처리

등록관리 업무에서 하는 일은 다음과 같다. 등록금을 학과·학년 등의 책정 기준에 따라 산정하고 등록대상자별로 등록금을 부과·납부 처리하며 휴학·자퇴 등에 따라 등록금 환불 처리를 한다.

등록금은 학교별로 기준에 따라 정의된다. 학부구분 및 계열 등에 의해 등록금이 책정된다는 전제로 등록금책정기준 엔터티를 생성한다.

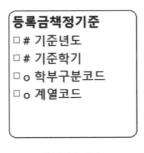

[그림 2-22]

책정된 등록금 부과 기준에 따라 학생별로 등록금이 부과된다.

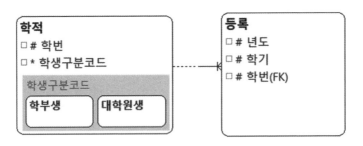

[그림 2-23]

은행으로부터 수납된 등록금 납부 처리 및 환불처리는 등록 엔터티에서 속성으로 관리한다.

3.3.7 졸업관리 업무

중분류	소분류	주요 업무
8. 졸업관리	졸업대상자관리	졸업 대상자 관리
	졸업사정관리	졸업 적격 여부 판단 관리
	졸업확정관리	졸업 사정에 따른 확정 관리 (학위번호 부여)

졸업관리 업무는 졸업대상자를 선정하고 적격 여부를 판단하며 최종적으로 졸업 확정 처리를 하는 업무이다.

통상적으로 4학년 졸업반인 경우에 졸업대상자가 되고 졸업대상자가 졸업하기 위한 전체 이수 학점, 영어 점수 및 논문 등의 졸업 적격 여부를 판단하여 최종 졸업대상자를 확정한다.

졸업대상자 엔터티는 졸업대상자의 집합을 관리하는 엔터티다. 해당 졸업대상자 엔터티에서 졸업사정 및 졸업확정을 위한 졸업판정여부, 학위번호 등의 속성을 관리하고 최종적으로 졸업 시 학적 엔터티의 학적상태코드는 '졸업' 상태로 변경된다.

만약, 졸업사정 시 졸업 조건을 충족하지 못할 경우 졸업판정여부 속성이 '불가'가 되고 학적의 학적상태코드는 여전히 '재학중'으로 유지된다. 해당 학생은 다음 학기에도 졸업대상자 엔터티에 생성되고 졸업사정 및 졸업확정 프로세스를 적용하여 졸업여부가 결정된다.

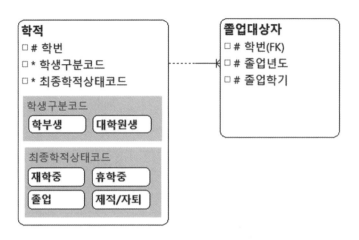

[그림 2-24]

성적, 장학, 등록 및 졸업 업무에서 조각조각 생성하였던 데이터 모델을 하나로 합쳐서 도식화해보자.

하나의 데이터 모델로 도식화한 후 몇 가지 수정사항이 발견되어 보완하였다. 먼저, 엔터티명을 명확화하고 둘째, 식별자의 명칭을 명확히 하기 위해 접두사(prefix)를 붙였다. 예를 들면, '시간표' 엔터티를 '강의시간표' 엔터티로 명칭을 수정하고 '강의교수' 엔터티의 '년도' 속성을 '강의년도'로, '학기' 속성을 '강의학기'로 수정하였다.

이렇게 핵심 엔터티와 식별자로 구성되어 관계를 연결한 데이터 모델을 개념 데이터 모델이라고 한다. 이것은 해당 업무의 주요(핵심) 업무를 개괄적으로 도식화하여 전체 업무를 이해하는 데 많은 도움을 주는 데이터 구조이다.

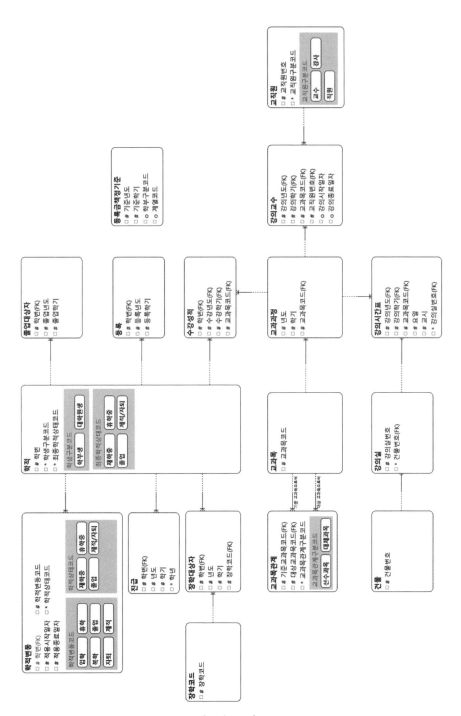

[그림 2-25]

3.4 엔터티별 주요 속성

속성 레벨로 데이터 모델링을 진행하기 위해서는 AS-IS 테이블, AS-IS 시스템 화면, AS-IS 시스템 출력물 또는 서식(양식) 파일 등이 있어야 한다. 해당 자료가 존재하지 않으면 상식적으로 생각할 수 있는 범위 내에서 주요한 속성을 기술한다.

엔터티	주요 속성	비고
학적	• 신상정보(성명, 주민등록번호, 주소/전화번호) • 학생신분정보(단과대학/학과/학년) • 최종학적상태코드(재학/졸업)	
학적변동	• 학적상태코드	
진급	• 학년	
교직원	• 신상정보(성명, 주민등록번호, 주소/전화번호) • 임용일자, 퇴직일자 • 직급	
교과목	• 교과목명(한글, 영문, 약어) • 개설일자, 폐강일자 • 주개설학과, 대상학년, 학점	
교과과정	• 개설학과, 개설학년 • 폐강여부, 폐강사유 • 인정시수	
수강성적	• 수강신청일자 • 수강여부 • 성적	수강여부='N' (수강취소)

엔터티	주요 속성	비고
강의교수	• 강의시작일자, 강의종료일자 • 강의시수	
등록	• 등록금 • 수납일자	입학금/수업료/기성회비 수납은행
장학코드	• 장학명 • 재원구분코드 • 지급기준평점평균	
장학대상자	• 장학금 • 장학금지급일자	입학금/수업료/기성회비
졸업	• 졸업판정여부, 졸업불가사유코드 • 학위번호, 졸업논문제목	졸업사정결과
강의실	• 강의실명, 수용인원	
건물	• 건물명	

주요 속성을 반영한 최종 데이터 모델은 다음 페이지와 같다.

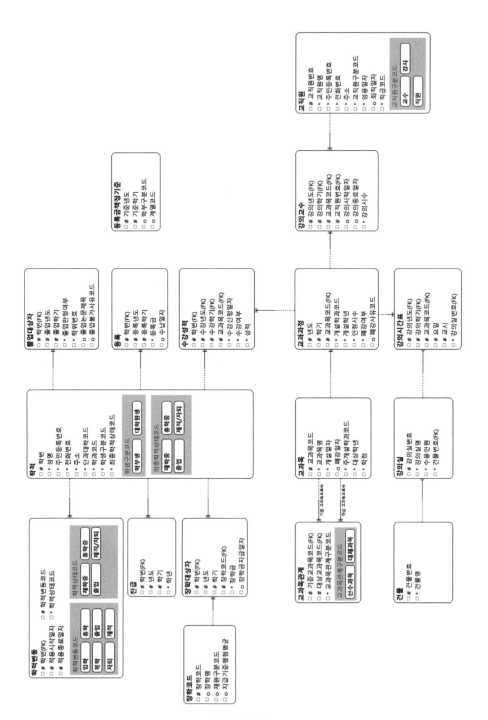

[그림 2-26]

3.5 샘플 SQL 문

속성 레벨로 데이터 모델링을 진행 후 생성된 데이터 모델에서 물리 데이터 모델링을 수행하여 테이블이 생성되었다고 가정하고 특정 업무를 위한 화면을 개발한다는 생각으로 SQL문을 작성해 보자.

▶ 홍길동 학생의 2020년도 1학년 1학기 성적 목록

```
SELECT C.교과목코드, D.교과목명, C.성적
FROM 학적 A, 진급 B, 수강성적 C, 교과목 D
WHERE A.학번 = B.학번
AND B.년도 = C.수강년도
AND B.학기 = C.수강학기
AND C.교과목코드 = D.교과목코드
AND A.성명 = '홍길동'
AND B.년도 = '2020'
AND B.학년 = 1
AND B.학기 = 1
```

➡ 홍길동 학생의 2020년도 1학년 1학기 강의교수 및 성적 목록

```
SELECT C.교과목코드, D.교과목명, C.성적, F.교직원명 "교수명"
FROM 학적 A, 진급 B, 수강성적 C, 교과목 D, 강의교수 E, 교직원 F
WHERE A.학번 = B.학번
AND B.년도 = C.수강년도
AND B.학기 = C.수강학기
AND C.교과목코드 = D.교과목코드
AND C.수강년도 = E.강의년도
AND C.수강학기 = E.강의학기
AND C.교과목코드 = E.교과목코드
AND E.교직원번호 = F.교직원번호
AND A.성명 = '홍길동'
AND B.년도 = '2020'
AND B.학년 = 1
AND B.학기 = 1
AND C.수강여부 = 'Y'
```

➡ 2020년 1학기 전자계산공학과가 개설한 과목을 수강하는 학생의 목록

```
SELECT B.학번, C.성명, A.교과목코드, D.교과목명
FROM 교과과정 A, 수강성적 B, 학적 C, 교과목 D
WHERE A.년도 = B.수강년도
AND A.학기 = B.수강학기
AND A.교과목코드 = B.교과목코드
AND B.학번 = C.학번
AND A.교과목코드 = D.교과목코드
AND A.년도 = '2020'
AND A.학기 = 1
AND A.개설학과코드 = '10000'  -- 예: 전자계산공학과의 학과코드
AND A.폐강여부 = 'N'
AND B.수강여부 = 'Y'
```

➡ 교수별 강의시수 (2020년 1학기)

```
SELECT B.교직원명 "교수명", SUM(A.강의시수)
FROM 강의교수 A, 교직원 B
WHERE A.교직원번호 = B.교직원번호
AND A.강의년도 = '2020'
AND A.강의학기 = 1
GROUP BY B.교직원명
```

3.6 학적변동 이력관리 설명

선분이력으로 구성된 학적변동 엔터티에 대해 인스턴스 차트를 통하여
데이터가 어떻게 생성되고 변경되는지 생성규칙을 자세히 알아보자.
앞 절에서 기술한 학생의 라이프사이클(생명주기)은 다음과 같다.

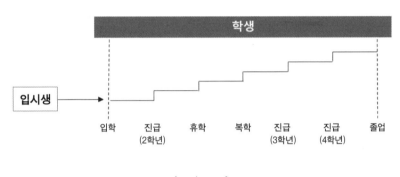

[그림 2-27]

이러한 학생의 라이프사이클에서 이벤트와 이력 관점으로 학적변동 엔
터티를 다시 생각해 보자. 이벤트는 입학, 휴학, 복학 및 졸업 등의 학적
변동을 일으키는 동작 또는 사건이고 이력은 이벤트와 이벤트 사이에서
지속되는 상태 즉, 재학중, 휴학중, 졸업 등을 나타낸다.

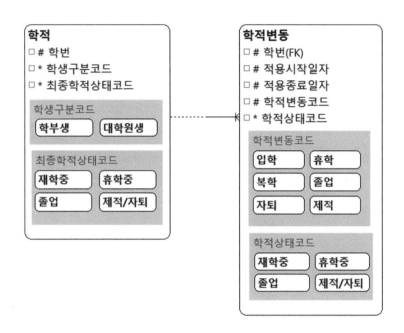

[그림 2-28]

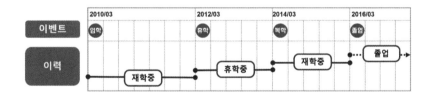

[그림 2-29]

87

이벤트에 따른 학적변동 엔터티와 학적 엔터티의 데이터가 어떻게 생성되고 변경되는지 그 과정을 인스턴스 차트를 통해 알아보자.

① 이벤트 - 입학

[학적변동]

학번	적용시작일자	적용종료일자	학적변동코드	학적상태코드
20100001	2010-03-02	9999-12-31	입학	재학중

[학적]

학번	성명	최종학적상태코드
20100001	홍길동	재학중

② 이벤트 - 휴학

[학적변동]

학번	적용시작일자	적용종료일자	학적변동코드	학적상태코드
20100001	2010-03-02	2012-03-01	입학	재학중
20100001	2012-03-02	9999-12-31	휴학	휴학중

[학적]

학번	성명	최종학적상태코드
20100001	홍길동	휴학중

❸ 이벤트 - 복학

[학적변동]

학번	적용시작일자	적용종료일자	학적변동코드	학적상태코드
20100001	2010-03-02	2012-03-01	입학	재학중
20100001	2012-03-02	2014-03-01	휴학	휴학중
20100001	2014-03-02	9999-12-31	복학	재학중

[학적]

학번	성명	최종학적상태코드
20100001	홍길동	재학중

❹ 이벤트 - 졸업

[학적변동]

학번	적용시작일자	적용종료일자	학적변동코드	학적상태코드
20100001	2010-03-02	2012-03-01	입학	재학중
20100001	2012-03-02	2014-03-01	휴학	휴학중
20100001	2014-03-02	2016-02-21	복학	재학중
20100001	2016-02-22	9999-12-31	졸업	졸업

[학적]

학번	성명	최종학적상태코드
20100001	홍길동	졸업

이처럼 엔터티를 시작일자와 종료일자로 이력을 관리하는 선분이력으로 설계하면 특정 시점의 상태를 조회하기 쉽고 편하다.

➡ 현재기준 졸업생의 수

```
SELECT COUNT(*)
FROM 학적변동
WHERE 적용종료일자 = 9999-12-31
AND 학적상태코드 = '졸업'
```

또는

```
SELECT COUNT(*)
FROM 학적
WHERE 최종학적상태코드 = '졸업'
```

➡ 2019년 12월 31일 시점 재학생의 수

```
SELECT COUNT(*)
FROM 학적변동
WHERE 2019-12-31 BETWEEN 적용시작일자 AND 적용종료일자
AND 학적상태코드 = '재학생'
```

3.7 구성원 관리 방안

앞의 행위의 주체 찾기에서 학부생, 대학원생, 교수 등을 도출하고 식별
자를 부여하여 학적 엔터티와 교직원 엔터티를 생성하였다. 학부생과 대
학원생은 학적 엔터티에서 관리하는데 학생구분코드로 학부생과 대학원
생을 구분한다. 교수, 강사, 직원은 교직원 엔터티에서 관리하도록 엔터
티를 구성하였다. 학적 엔터티와 교직원 엔터티는 다음과 같다.

 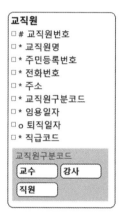

[그림 2-30]

한 학생이 대학교에 입학 후 졸업하고 대학원(석사과정/박사과정)에 입학 후 졸업하여 나중에 대학교수로 임용이 되는 경우를 생각해 보자.
해당 내용의 라이프사이클을 도식화하면 다음과 같다.

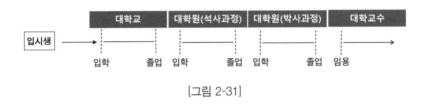

[그림 2-31]

이러한 경우 학적 엔터티와 교직원 엔터티에 데이터가 어떻게 생성되는지 생각해 보자. 학부와 대학원생을 관리하기 위한 학적 엔터티에는 3건의 데이터가 생성되고 교수 데이터를 관리하기 위한 교직원 엔터티에는 1건의 데이터가 생성된다.
여기서 중요한 이슈가 발생한다. 한 사람에 대해 학적 및 교직원 엔터티의 주요 속성 중 신상정보(성명, 주민등록번호, 주소, 전화번호)를 동일하게, 동시에 관리하게 된다는 사실이다. 즉, 데이터가 중복으로 관리되고 있다는 것이다.

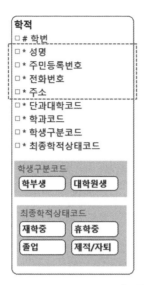
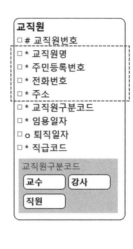

[그림 2-32]

학적 엔터티와 교직원 엔터티에 생성된 데이터 예시는 다음과 같다.

[학적]

학번	성명	주민등록번호	전화번호	주소	학생구분코드	최종학적상태코드
20100001	홍길동	19810301-1XXXXXX	010-1234-5678	서울시 영등포구 …	학부생	졸업
20100001	홍길동	19810301-1XXXXXX	010-1234-5678	서울시 영등포구 …	대학원생(석사)	졸업
20100001	홍길동	19810301-1XXXXXX	010-1234-5678	서울시 영등포구 …	대학원생(박사)	졸업

[교직원]

교직원번호	성명	주민등록번호	전화번호	주소	교직원구분코드	임용일자
10000001	홍길동	19810301-1XXXXXX	010-1234-5678	서울시 영등포구 …	교수	2011-03-01

학적 엔터티와 교직원 엔터티에서 각각 성명, 주민등록번호, 전화번호,
주소 등의 신상정보가 중복으로 관리되고 있으니 중복을 배제하기 위한
엔터티를 추가하자. 해당 엔터티를 '구성원' 엔터티라고 명명하자. 구성
원 엔터티는 해당 학교와 관련된 자의 신상정보를 통합 관리하는 엔터티
이다. 해당 데이터 모델은 다음과 같다.

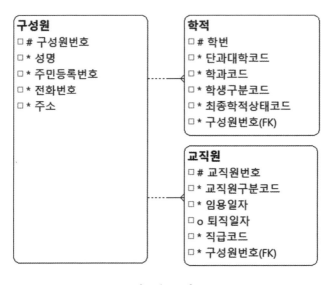

[그림 2-33]

구성원 엔터티는 학적 엔터티와 교직원 엔터티에서 중복으로 관리되던
신상정보(성명, 주민등록번호, 전화번호, 주소)를 통합 관리하고 학적 엔
터티, 교직원 엔터티와 각각 관계를 가진다. 구성원 엔터티와 수정된 학
적 엔터티와 교직원 엔터티에 생성된 데이터는 다음과 같다.

[구성원]

구성원 번호	성명	주민등록번호	전화번호	주소
50000001	홍길동	19810301-1XXXXXX	010-1234-5678	서울시 영등포구 …

[학적]

학번	구성원번호	학생구분 코드	최종학적 상태코드
20100001	50000001	학부생	졸업
20100001	50000001	대학원생(석사)	졸업
20100001	50000001	대학원생(박사)	졸업

[교직원]

교직원 번호	구성원번호	교직원구분 코드	임용일자
10000001	50000001	교수	2011-03-01

그런데, 다음과 같이 박사과정 입학 시 주소와 전화번호가 변경되었다면 어떻게 하면 좋을까? 구성원 엔터티에 최종 주소와 전화번호만을 관리하면 될까? 대학 입학 당시의 주소와 전화번호는 필요 없을까?

[학적]

학번	성명	주민등록번호	전화번호	주소	학생구분 코드	최종학적 상태코드
20100001	홍길동	19810301-1XXXXXX	010-1234-5678	서울시 영등포구 …	학부생	졸업
20100001	홍길동	19810301-1XXXXXX	010-1234-5678	서울시 영등포구 …	대학원생(석사)	졸업
20100001	홍길동	19810301-1XXXXXX	010-3333-5678	서울시 양천구 …	대학원생(박사)	졸업

[교직원]

교직원 번호	성명	주민등록번호	전화번호	주소	교직원구분 코드	임용일자
10000001	홍길동	19810301-1XXXXXX	010-3333-5678	서울시 양천구 …	교수	2011-03-01

변경될 가능성이 있는 전화번호와 주소를 제외하고 구성원 엔터티에서
다음과 같이 성명과 주민등록번호만을 관리하도록 변경해 보자.

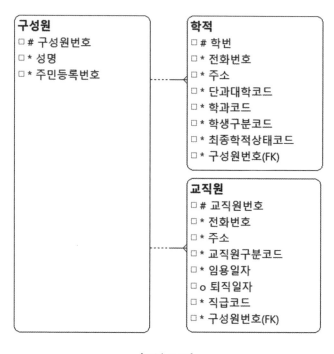

구성원
- □ # 구성원번호
- □ * 성명
- □ * 주민등록번호

학적
- □ # 학번
- □ * 전화번호
- □ * 주소
- □ * 단과대학코드
- □ * 학과코드
- □ * 학생구분코드
- □ * 최종학적상태코드
- □ * 구성원번호(FK)

교직원
- □ # 교직원번호
- □ * 전화번호
- □ * 주소
- □ * 교직원구분코드
- □ * 임용일자
- □ o 퇴직일자
- □ * 직급코드
- □ * 구성원번호(FK)

[그림 2-34]

그러면, 성명 및 주민등록번호는 변경되지 않을까? 대법원 판례(2005스26)에 따라 2005년 11월 16일부터 개명신청을 하면 성명을 변경할 수 있게 되었다. 주민등록번호도 행정안전부 주민등록번호 변경제도에 따라 2017년 5월 30일부터 변경이 가능하다. 그렇다면 구성원 엔터티는 불필요한 것일까? 처음 만들었던 모델로 돌아가야 할까?

아니면, 구성원 엔터티의 과거 시점의 성명, 주민등록번호, 전화번호 및 주소 등의 신상정보를 저장하고 관리하기 위한 구성원 이력 엔터티를 추가하면 될까?

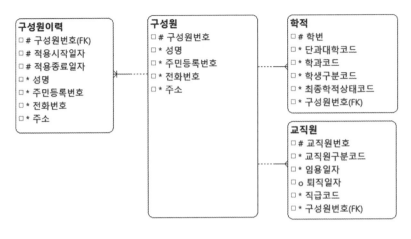

[그림 2-35]

여기서 질문을 해 보자.

첫째, 학부생이 대학원에 진학하거나 교수로 임용되는 경우가 얼마나 되는가?

둘째, 성명이 변경되는 경우가 얼마나 되는가?

셋째, 주민등록번호가 변경되는 경우가 얼마나 되는가?

넷째, 전화번호가 변경되는 경우가 얼마나 되는가?

다섯째, 주소가 변경되는 경우가 얼마나 되는가?

여섯째, 현재 시점에서 과거의 성명, 주민등록번호, 전화번호 또는 주소 정보가 필요한가?

결론을 말하자면 요건을 명확히 하고 데이터 중복을 최소화하며 확장성을 고려해서 해당 시스템에 맞는 데이터 모델을 유연성 있게 설계해야 한다는 것이다.

다시 언급하지만 데이터 모델링은 모델링 과정에서 끊임없이 생각하고 검토하여 결정하는 과정이 반복된다. 최종 시점에는 결정을 해야 하지만 그전까지는 반복해서 고품질의 데이터 모델이 되도록 노력해야 한다.

해당 업무를 수용하고 업무 확장 시 확장성을 고려하며 데이터 모델의 구조가 흔들리지 않도록 골격을 튼튼히 하고 데이터 모델의 유연성을 고려하여 설계해야 한다. 향후 발생할 업무 변화를 모두 예측하기는 어렵지만 변경이 최소화될 수 있도록 데이터 모델을 구성해야 한다.

4장

논리 데이터 모델링

1. 논리 데이터 모델링이란?

논리 데이터 모델링이란 다양한 업무를 저장하고 관리하기 위한 구조를 설계하는 과정이다. 논리적인 데이터의 집합, 집합 간의 관계 및 관리항목을 정의하여 도식화한다. 데이터 모델의 구성요소인 엔터티, 관계 및 속성을 정의하고 작도하여 최종 ERD(Entity-Relationship Diagram)를 생성한다.

이렇게 작성된 논리 데이터 모델은 해당 업무의 범위와 업무를 표현하여 업무를 이해하는 데 도움을 제공하며 모델러, 개발자 및 관리자 등의 이해당사자 간에 의사소통을 위한 도구로 활용된다.

논리 데이터 모델링 진행 절차는 다음과 같다.

엔터티 정의	식별자 정의	관계 정의	속성 정의	정규화/ 이력관리	데이터 모델 검증
엔터티 후보 수집	식별자 부여	관계 형태 설정	속성 후보 수집	정규화	사례 데이터 작성
엔터티 후보 선정	식별자 확정	식별/비식별 관계 설정	속성 후보 선정	이력관리 결정	데이터 모델 보완
엔터티 확정		M:N 관계 해소	속성 확정		
			속성 검증		

103

2. 엔터티(Entity)

엔터티(Entity)란 업무 활동상 지속적인 관심을 가지고 있어야 하는 대상으로서 그 대상에 대한 데이터를 저장할 수 있고 대상들 간의 동질성을 지닌 개체 또는 행위의 집합이다.

엔터티에 대한 학자들의 정의는 다음과 같다.

- 정보가 저장될 수 있는 사람, 장소, 물건, 사건 그리고 개념 등
  - Thomas Bruce (1992)
- 변별할 수 있는 사물 - Peter Chen (1976)
- 데이터베이스 내에서 변별 가능한 객체 - C.J Date (1986)
- 추후에 참조 가능한 데이터의 논리적 저장체 - Clive Finkelsein (1989)
- 정보를 저장할 수 있는 어떤 것 - James Martin (1989)

엔터티는 우리가 관리하고자 하는 것이 무엇인지를 명확히 정의해야 한다. 즉, 관리하고자 하는 집합(SET)이 무엇인지를 정의해야 한다. 여기서, '관리하고자 하는'이란 문구를 강조했는데 엔터티를 정의할 때 매우

중요한 기준이 된다. 어떤 데이터를 어떻게 관리할지에 따라 다른 형태의 데이터 모델이 생성되기 때문이다.

앞 장에서 기술하였듯이 교수, 강사와 직원의 데이터를 어떻게 관리하느냐에 따라 엔터티 간 관계의 복잡도가 높아지고 이로 인해 관련 프로그램은 더욱더 복잡해지는 문제가 발생한다.

즉, 교수, 강사 및 직원의 데이터를 교직원 엔터티로 통합하여 하위 엔터티(강의교수 엔터티 등)와의 관계를 설정하였는데 만약 교수, 강사 및 직원의 데이터를 각각의 엔터티로 생성한다면 하위 엔터티(강의교수 엔터티 등)와는 배타 관계가 형성되어 프로그램의 복잡도는 높아지고 성능은 떨어지는 문제가 발생한다. 또는, 배타관계를 형성하지 않기 위하여 하위 엔터티인 강의교수 엔터티를 분할하여 강의교수 엔터티와 강의강사 엔터티로 생성 시에도 또 다른 문제가 생긴다.

이처럼 엔터티를 정의할 때 어떻게 데이터를 관리할지 정의하는 것은 매우 중요한 결정사항이다.

2.1 엔터티 후보 수집

앞에서 대학 학사 업무의 대분류/중분류/소분류 업무별 주요 업무 기능을 기초로 데이터 모델링의 진행 과정을 알아보았다. 해당 예제는 대학 업무의 관련 정보 중 일부만을 대상으로 했다.

실무에서는 더욱더 많은 업무 요건, 업무 규칙, 업무별 제약사항, 제한사항 및 업무별 관련성 등이 존재하고 이에 따른 각종 문서, 양식 또는 서식이 존재한다. 또한, AS-IS 시스템이 존재한다면 DB 상에 존재하는 테이블과 컬럼 정보 그리고 시스템 화면 등 더 많은 정보가 기존에 존재하는 상태일 것이다.

만약 처음 접하는 업무라면 데이터 모델러 입장에서는 해당 업무에 취약할 수 있다. 또한, 단시간 내에 현행 업무를 파악하고 개선 요건을 도출하며 추가적인 신규 요건을 반영하여 ERD를 작성하는 일은 생각보다 쉽지 않다. 그래도 당황하지 말고 차근차근히 해야 할 일과 하지 말아야 할 일을 정의하고 해야 할 일에서도 먼저 해야 할 일과 나중에 할 일의 우선순위를 정하고 일정을 수립하여 모델링을 진행하면 된다.

엔터티 후보는 AS-IS 시스템의 ERD, DB 오브젝트, 각종 서식, 현업 장표 및 보고서 등 다양한 경로에서 수집한다.

2.1.1 AS-IS ERD

AS-IS 시스템의 산출물 중 ERD에서 엔터티 목록을 추출한다. 모델링 툴에 따라 방법의 차이는 있으나 대다수의 모델링 툴에서 주제영역, 엔터티명 및 영문 테이블명 등의 추출이 가능하다. 추출한 샘플은 다음과 같다.

순번	주제영역명	엔터티명	테이블명
1	010 고객_고객기본	개인	TB_CA00001
2	010 고객_고객기본	거절대상자	TB_CA00002
3	010 고객_고객기본	거절사유	TB_CA00003
4	010 고객_고객기본	경영자	TB_CA00004
5	010 고객_고객기본	고객	TB_CA00005
6	010 고객_고객기본	고객_건설실적집계	TB_CA00006
7	010 고객_고객기본	고객별보증한도	TB_CA00007
8	010 고객_고객기본	고객연락처	TB_CA00008
9	010 고객_고객기본	고객외부신용정보관리	TB_CA00009
10	010 고객_고객기본	고객유형	TB_CA00010

ERD는 AS-IS 시스템의 오픈 시점에 작성된 산출물로 현재의 DB 스키마 상에 존재하는 물리적인 테이블과는 GAP(차이)이 존재할 수 있다. 기관이나 기업의 운영 환경에 따라 ERD를 현재의 DB 스키마와 동일하게 잘 관리하는 곳도 있지만 그렇지 못한 경우도 다수 존재한다.

2.1.2 DB 오브젝트 추출

AS-IS 시스템에서 테이블 목록을 추출하는 경우이다. DB 스키마상에 저장된 오브젝트 중 테이블을 추출하여 목록화한다.

테이블을 추출하는 방법은 DBMS의 시스템 카탈로그를 SELECT 하면 되는데 오라클의 경우는 다음과 같다.

```
SELECT ROWNUM "순번", A.TABLE_NAME "테이블명",
B.COMMENTS "엔터티명", A.NUM_ROWS "ROW수"
FROM  ALL_TABLES A, ALL_TAB_COMMENTS B
WHERE A.OWNER = 'SCOTT'   -- 해당 OWNER로 변경
AND A.TABLE_NAME = B.TABLE_NAME
```

순번	엔터티명	테이블명	ROW수
1	개인	TB_CA00001	291000
2	거절대상자	TB_CA00002	7000
3	거절사유	TB_CA00003	2
4	경영자	TB_CA00004	18000
5	고객	TB_CA00005	306000
6	고객_건설실적집계	TB_CA00006	25000
7	고객별보증한도	TB_CA00007	18000
8	고객연락처	TB_CA00008	390000
9	고객외부신용정보관리	TB_CA00009	18000
10	고객유형	TB_CA00010	338000
11	고객이력	TB_CA00011	249000
12	고객정보변경	TB_CA00012	44000
13	관계사	TB_CA00013	265
14	법인	TB_CA00014	5000

앞 페이지의 SELECT 구문에서 NUM_ROWS의 컬럼을 주석 처리하였는데 AS-IS 시스템이 정상적으로 운영이 되어 최신의 통계정보가 유지되고 있다면 NUM_ROWS의 값으로 해당 테이블의 건수를 확인할 수 있으나 그렇지 않은 경우는 테이블 목록을 추출하고 테이블별로 SELECT COUNT(*) 하여 테이블의 건수를 생성한다.

ERD에서 추출한 목록과 DB 스키마에서 조회된 목록을 병합하여 전체 테이블 목록을 생성한다. 병합 시 영문 테이블명을 기준으로 비교하여 병합한다. 병합한 결과의 샘플은 다음과 같다.

순번	주제영역명	엔터티명	테이블명	ROW수
1	010 고객_고객기본	개인	TB_CA00001	291000
2	010 고객_고객기본	거절대상자	TB_CA00002	7000
3	010 고객_고객기본	거절사유	TB_CA00003	2
4	010 고객_고객기본	경영자	TB_CA00004	18000
5	010 고객_고객기본	고객	TB_CA00005	306000
6	010 고객_고객기본	고객_건설실적집계	TB_CA00006	25000
7	010 고객_고객기본	고객별보증한도	TB_CA00007	18000
8	010 고객_고객기본	고객연락처	TB_CA00008	390885
9	010 고객_고객기본	고객외부신용정보관리	TB_CA00009	18000
10	010 고객_고객기본	고객유형	TB_CA00010	338000
11		고객이력	TB_CA00011	249000
12		고객정보변경	TB_CA00012	44000
13		관계사	TB_CA00013	265
14		법인	TB_CA00014	5000

샘플에서 보면 순번 11부터 14까지는 주제영역명이 없다. 이것은 4개의 테이블이 AS-IS ERD에는 없고 실제 DB 상에는 테이블로 생성되어 있다는 의미이다. 다시 말해서 AS-IS 시스템을 운영하면서 엔터티 추가 시 ERD 반영 없이 바로 DB에 테이블을 생성했음을 의미한다.

정상적인 운영이라면 신규 요건이 발생하면 테이블의 특정 속성값에 코드값을 추가하여 반영할지, 컬럼을 추가하여 반영할지, 또는 별도의 엔터티를 생성하여 반영할지를 검토한 후 적절하게 ERD상에 반영하고 오브젝트를 생성하는 절차로 관리되는데 이 건은 그렇지 못한 경우이다.

각 테이블의 데이터 생성일자, 변경일자, 생성자, 변경자 등의 시스템 정보가 관리된다면 해당 테이블의 사용 여부를 판단하는 데 도움이 된다. 물론 최종생성일자가 최근이 아니라도 사용하는 테이블일 수 있지만 확률적으로는 사용하지 않을 가능성이 높으므로 고객사에 확인해 볼 필요가 있다.

순번	주제영역명	엔터티명	테이블명	ROW수	최종 생성일자
1	010 고객_고객기본	개인	TB_CA00001	291000	2020-07-28
2	010 고객_고객기본	거절대상자	TB_CA00002	7000	2018-07-02
3	010 고객_고객기본	거절사유	TB_CA00003	2	2018-07-02
4	010 고객_고객기본	경영자	TB_CA00004	18000	2010-06-20
5	010 고객_고객기본	고객	TB_CA00005	306000	2020-07-28
6	010 고객_고객기본	고객_건설실적집계	TB_CA00006	25000	2020-06-30
7	010 고객_고객기본	고객별보증한도	TB_CA00007	18000	2020-07-28
8	010 고객_고객기본	고객연락처	TB_CA00008	390000	2020-07-28
9	010 고객_고객기본	고객외부신용정보관리	TB_CA00009	18000	2020-07-28
10	010 고객_고객기본	고객유형	TB_CA00010	338000	2020-07-28
11		고객이력	TB_CA00011	249000	2020-07-28
12		고객정보변경	TB_CA00012	44000	2020-07-28
13		관계사	TB_CA00013	265	2019-06-20
14		법인	TB_CA00014	5000	2019-06-20

2.1.3 서식

공공기관의 경우 업무가 법으로 정의되어 있고 시행규칙에 업무를 수행하기 위한 별표나 서식이 정의되어 있다. 일반 사기업의 경우 회사 서식이 정의되어 있어서 해당 서식을 취합하여 엔터티 후보 수집에 활용한다. 서식은 엔터티 후보뿐만 아니라 속성 레벨까지도 추후 참고해야 한다.

2.1.4 현업 장표

현업 업무에서 사용하는 장표는 데이터의 흐름을 파악하는 데 도움이 된다. 데이터의 가공이 많아 직접적인 엔터티 후보보다는 내부에 숨어있는 본질적 집합을 찾아내야 하는 경우에 참고로 사용된다.

2.1.5 보고서

현업에서 작성한 보고서는 상급자에게 업무 처리에 관한 결과를 요약해서 보고하는 경우가 많고 집계된 데이터가 많으며 내부에 숨어있는 본질적 집합을 찾아내야 하는 경우에 참고로 사용된다.

2.1.6 관련 법령 및 문서

공공기관의 경우 업무가 법으로 정의되어 있고 시행령은 해당 법의 상세한 내역을 규율하는 내용이고 시행규칙은 시행령에 대한 상세한 내역을 규율하기 위한 것이므로 해당 내용을 참조하거나 추가적인 업무 규정 및 절차를 참조하면 도움이 될 것이나 많은 시간을 투자하기보다는 필요한 부분만 참조한다.

2.2 엔터티 후보의 선정

다양한 경로를 통해 엔터티 후보를 수집하고 수집된 자료의 검토, 분석 및 고객사 인터뷰를 통한 확인 및 보완을 통해서 엔터티 후보를 선정하는 작업을 진행한다.

AS-IS ERD와 DB 오브젝트에서 추출하여 병합한 테이블 목록에서 주제 영역명의 빈칸 등을 보완한다. 또한 전체 테이블 목록을 참고로 하여 실제 테이블의 사용 여부를 판단하여 엔터티 후보에서 제외하는 과정을 거친다.

엔터티 후보는 다음과 같은 기준으로 선정한다.

첫째, 모델러가 직관적으로 판단할 수 있는 것을 판단한다. 예를 들면, 다음 페이지의 테이블 목록에서 경영자 테이블과 같이 2010년 이후 데이터가 1건도 발생하지 않은 테이블은 사용하지 않는 테이블로 판단할 수 있다. 또한, 거절사유 테이블과 같이 지금까지 2건의 데이터밖에 생성되지 않은 테이블도 사용하지 않는 테이블로 생각할 수 있다.

둘째, 고객사 인터뷰를 통해 모델러가 일차적으로 판단한 내용을 확인하고 추가로 제외 대상을 판별하여 최종 엔터티 후보를 선정한다.

다음 페이지에서 ① 부분은 모델러가 일차적으로 판단하고 고객사 담당자가 간단히 확인한 결과이고 ② 부분은 고객사 담당자와의 인터뷰를 통해 확인된 결과를 예시로 표시한 것이다.

순번	주제영역명	엔티티명	테이블명	ROW 수	최종 생성일자	사용 여부	미사용 사유
1	010 고객_고객기준	개인	TB_CA00001	291000	2020-07-28	Y	
2	010 고객_고객기준	가정대상자	TB_CA00002	7000	2018-07-02	Y	
3	010 고객_고객기준	가절사유	TB_CA00003	2	2018-07-02	N	2018년까지 2건밖에 데이터 생성 안 됨
4	010 고객_고객기준	경영자	TB_CA00004	18000	2010-06-20	N	2010년 이후 데이터 발생 없음
5	010 고객_고객기준	고객	TB_CA00005	306000	2020-07-28	Y	
6	010 고객_고객기준	고객_건설실적집계	TB_CA00006	25000	2020-06-30	N	집계 방식이 변경되어 사용 안 함
7	010 고객_고객기준	고객별보증한도	TB_CA00007	18000	2020-07-28	Y	
8	010 고객_고객기준	고객연락처	TB_CA00008	390000	2020-07-28	Y	
9	010 고객_고객기준	고객외부신용정보관리	TB_CA00009	18000	2020-07-28	N	사용 안 함
10	010 고객_고객기준	고객유형	TB_CA00010	338000	2020-07-28	Y	
11	010 고객_고객기준	고객이력	TB_CA00011	249000	2020-07-28	Y	
12	010 고객_고객기준	고객정보변경	TB_CA00012	44000	2020-07-28	Y	
13	010 고객_고객기준	관계사	TB_CA00013	265	2019-06-20	Y	
14	010 고객_고객기준	법인	TB_CA00014	5000	2019-06-20	Y	

① ②

다음은 앞의 예시와 같지만 언제 해당 내용을 어느 담당자가 확인하였는지를 추가(확인일자, 담당자)하여 기록한 예시이다. 이는 추후 수정 내용 등에 관해 논란이 발생했을 때 근거로 사용하기 위함이다.

순번	엔터티명	테이블명	사용여부	미사용 사유	확인일자	담당자
1	개인	TB_CA00001	Y			
2	거점대상자	TB_CA00002	Y			
3	거점사유	TB_CA00003	N	2018년까지 2건밖에 데이터 생성 안 됨	2020-07-28	홍길동 과장
4	경영자	TB_CA00004	N	2010년 이후 데이터 발생 없음	2020-07-28	홍길동 과장
5	고객	TB_CA00005	Y			
6	고객_건설실적집계	TB_CA00006	N	집계 방식이 변경되어 사용 안 함	2020-07-01	홍길순 과장
7	고객별보증한도	TB_CA00007	Y			
8	고객연락처	TB_CA00008	Y			
9	고객여부신용정보관리	TB_CA00009	N	사용 안 함	2020-07-01	홍길순 과장
10	고객유형	TB_CA00010	Y			
11	고객이력	TB_CA00011	Y			
12	고객정보변경	TB_CA00012	Y			
13	관계사	TB_CA00013	Y			
14	법인	TB_CA00014	Y			

앞 페이지의 내용은 AS-IS 시스템을 기준으로 목록을 추출하고 인터뷰를 통해 사용여부를 확인하여 작성된 것이다. 즉, 고객사가 현재 관리하는 테이블을 정리한 것이다.

그다음에는 관리하고자 하는 것이 무엇인지를 파악하여 엔터티 후보 대상으로 선정해야 한다. 추가로 관리하고자 하는 것(추가요건)은 대부분 사업 추진 시 발송하는 제안요청서에 존재할 것이고 더 상세한 내용은 프로젝트 수행 시 고객사 인터뷰를 통해 해당 내용을 파악해야 한다.

인터뷰 시 관련 담당자에게 서식, 현업장표 및 보고서 등의 관련 자료를 요청하고 수집하여 엔터티 후보 선정에 활용해야 한다.

앞서 언급하였듯이 해야 할 일과 하지 말아야 할 일을 정의하고 해야 할 일에서 먼저 해야 할 일과 나중에 할 일의 우선순위를 정해야 한다. 일정을 수립하여 업무를 진행할 때 제외할 대상을 정리하는 일은 매우 중요하다. 현재 업무에서 사용하지도 않는 테이블을 분석하다가 시간을 낭비하는 등의 실수를 미리 방지해야 한다. 앞의 샘플은 테이블이 몇 개 안 되지만 실제로는 고객사의 규모에 따라 전체 테이블 수가 수백에서 수천의 테이블이 사용될 것이므로 우선순위를 정하는 일은 매우 중요하다.

2.3 엔터티 분류

앞에서 엔터티 후보를 수집하고 대상을 선정하였다. 선정된 엔터티 후보는 다수의 테이블이 존재하기 때문에 먼저 분석할 것과 나중에 분석할 것을 반드시 구분해야 한다고 앞에서 강조했다. 즉, 중요한 엔터티를 먼저 검토하고 분석해야 한다. 엔터티의 중요도를 판단하기 위하여 엔터티를 분류하는데 다음과 같이 세 종류로 나누어진다.

키 엔터티(Key Entity)

- 독립적으로 생성 가능
- 자신은 타 엔터티의 부모 역할을 수행
- 데이터 발생의 주체나 목적물
- 자신의 고유한 식별자를 가짐
- 예) 사원, 부서, 고객, 상품 등

메인 엔터티(Main Entity)

- 키 엔터티로부터 발생
- 해당 업무에 있어서 중심적인 역할을 수행
- 데이터의 양이 많이 발생
- 다른 엔터티와의 관계를 통해 많은 행위 엔터티를 생성
- 예) 계약, 카드정보 등

행위 엔터티(Action Entity)

- 하나 이상의 부모 엔터티로부터 발생
- 실제 업무에서 발생하는 데이터
- 데이터가 빈번하게 발생하거나 변경되는 경우
- 예) 카드사용실적, 공사내역 등

앞장의 데이터 모델링 시작하기 예제에서 행위의 주체를 선행해서 파악하고 집합을 정의하며 데이터 모델링을 하고, 다음 단계에서 업무별 행위 엔터티를 데이터 모델링 하는 과정을 기술했다. 이는 엔터티 분류 및 우선순위에 따라 먼저 해야 할 일과 나중에 해야 할 일을 정하여 진행한 것이다.

2.4 엔터티 확정

앞에서 설명했듯이 AS-IS 시스템과 신규 요건에 관한 내용과 서식, 현업 장표 및 보고서 등의 관련 자료를 수집하여 엔터티 후보를 도출하고 선정한다. 즉, AS-IS 테이블 중에서 TO-BE 테이블로 이행하기 위한 AS-IS 의 대상 테이블이 선정되었다는 의미이다.

AS-IS 시스템에서 TO-BE 시스템으로 전환하는 경우는 AS-IS 시스템의 문제가 많아 개선이 필요하거나 또는 AS-IS 시스템으로는 신규 요건을 반영하기가 어려워서 프로젝트를 진행한다. 이러한 경우는 AS-IS 시스템의 테이블을 분석하여 문제점을 파악하고 개선 사항을 도출하여 TO-BE 데이터 모델을 설계해야 한다.

기업 간 인수합병에 의해 두 개 이상의 시스템이 하나의 시스템으로 구축되는 경우도 있는데 이때는 각 시스템의 테이블을 분석하여 문제점을 파악하고 시스템 간 GAP 분석을 수행 후 최종 TO-BE 데이터 모델을 설계해야 한다.

다음은 하나의 AS-IS 시스템에서 TO-BE 시스템으로 전환하는 프로젝트인 경우 TO-BE 데이터 모델 설계의 진행 과정을 보여주고 있다. 즉, 엔터티 후보가 선정된 후 우선순위에 따라 TO-BE의 엔터티를 확정(설계)하는 과정을 보여준다.

순번	AS-IS 주제영역명	AS-IS 엔티티명	AS-IS 테이블명	TO-BE 주제영역 대분류	TO-BE 주제영역 중분류	TO-BE 엔티티명	TO-BE 테이블명	비고
1	010 고객_고객기본	개인	TB_CA00001	고객	고객기본	고객	TB_CUST	
2	010 고객_고객기본	가정대상자	TB_CA00002	고객	고객기본			
5	010 고객_고객기본	고객	TB_CA00005	고객	고객기본	고객	TB_CUST	
7	010 고객_고객기본	고객별보증한도	TB_CA00007	고객	고객기본			
8	010 고객_고객기본	고객연락처	TB_CA00008	고객	고객기본			
10	010 고객_고객기본	고객유형	TB_CA00010	고객	고객기본			
11	010 고객_고객기본	고객이력	TB_CA00011	고객	고객기본			
12	010 고객_고객기본	고객정보변경	TB_CA00012	고객	고객기본			
13	010 고객_고객기본	관계사	TB_CA00013	고객	고객기본			
14	010 고객_고객기본	법인	TB_CA00014	고객	고객기본	고객	TB_CUST	

AS-IS 테이블에 개인 테이블, 고객 테이블, 법인 테이블이 따로 존재하는데 '고객 vs 개인'과 '고객 vs 법인'은 각각 1:1 관계이고 이것을 고객 엔터티로 통합하는 과정은 다음과 같다. 물론, 통합하기 전에 AS-IS의 개인 테이블, 고객 테이블과 법인 테이블이 어떤 데이터 집합을 관리하는지를 명확히 분석하여 통합 여부를 판단하여야 한다.

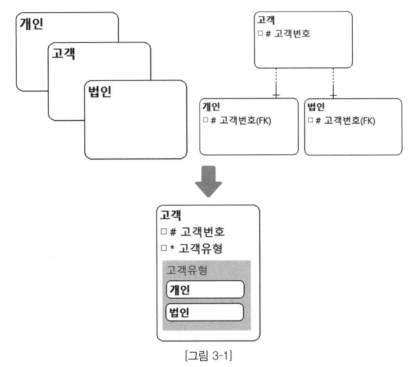

[그림 3-1]

추가로 개인 테이블, 고객 테이블과 법인 테이블에서 관리하는 속성은 얼마만큼 중첩이 되는지, 중첩되는 속성의 코드는 어떤 것을 사용하고 있는지 등 심도 있는 분석이 필요하다. 최종적으로 엔터티 후보로 선정된 AS-IS 테이블과 신규 요건을 반영한 TO-BE 엔터티가 확정된다.

순번	AS-IS 주제영역명	AS-IS 엔터티명	AS-IS 테이블명	TO-BE 주제영역		TO-BE 엔터티명	TO-BE 테이블명	비고
				대분류	중분류			
1	010 고객_고객기본	개인	TB_CA00001	고객	고객기본	고객	TB_CUST	
2	010 고객_고객기본	가정대상자	TB_CA00002	고객	고객기본	가정대상자	TB_	
5	010 고객_고객기본	고객	TB_CA00005	고객	고객기본	고객	TB_CUST	
7	010 고객_고객기본	고객별보증한도	TB_CA00007	고객	고객기본	고객별보증한도	TB_	
8	010 고객_고객기본	고객연락처	TB_CA00008	고객	고객기본	고객연락처	TB_	
10	010 고객_고객기본	고객유형	TB_CA00010	고객	고객기본	고객유형	TB_	
11	010 고객_고객기본	고객이력	TB_CA00011	고객	고객기본	고객이력	TB_	
12	010 고객_고객기본	고객정보변경	TB_CA00012	고객	고객기본	고객이력	TB_	
13	010 고객_고객기본	관계사	TB_CA00013	고객	고객기본	고객	TB_CUST	
14	010 고객_고객기본	법인	TB_CA00014	고객	고객기본	고객	TB_CUST	
				고객	고객기본	신규1	TB_	신규 요건1
				고객	고객기본	신규2	TB_	신규 요건2
				고객	고객기본	신규3	TB_	신규 요건3

121

TO-BE의 엔터티명, 테이블명, 주제영역 등의 명명 규칙은 데이터 모델링 전에 기준을 정의하고 그 기준에 따라 명칭을 부여해야 한다.

2.5 엔터티 확정시 고려 사항

엔터티 후보 선정 이후 엔터티 확정 과정에서 중요하게 고려해야 할 사항은 엔터티를 명확화 즉, 관리하고자 하는 집합의 범위를 정확히 결정하고 적절한 엔터티 명칭을 부여하며, 엔터티 구성을 서브타입으로 표현하여 전체 ERD가 도식화되었을 때 모델러 및 개발자 등 다수의 관련자가 동일한 관점으로 이해해야 한다는 것이다.

2.5.1 엔터티 명확화

엔터티가 관리하고자 하는 것이 무엇인지 집합의 범위를 정의하는 것은 매우 중요하다. 특히, 행위의 주체에 해당하는 엔터티는 더욱더 중요하며 어떻게 엔터티를 구성하느냐에 따라 하위 엔터티와의 관계는 물론, 개발의 복잡도에도 영향을 미치게 된다.

데이터 모델이 확정되고 테이블로 오브젝트를 생성하고 난 이후에는 데이터 모델 변경 시 영향도가 매우 높기 때문에 모델링 작업 초기에 데이터 모델의 골격 또는 뼈대를 명확하게 정의하는 것은 매우 중요한 작업이다.

앞장에서 기술했던 학사 업무에 대해서 엔터티를 어떻게 정의했는지 상기해 보자.

초기에 행위의 주체를 스케치하였고

[그림 3-2]

스케치한 내용을 학적 엔터티와 교직원 엔터티로 통합하였다.

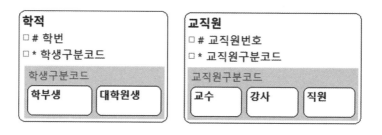

[그림 3-3]

그다음에는 구성원 엔터티를 별도로 추출했다.

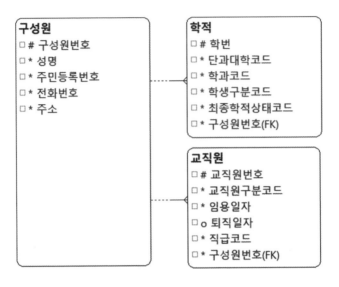

구성원
- □ # 구성원번호
- □ * 성명
- □ * 주민등록번호
- □ * 전화번호
- □ * 주소

학적
- □ # 학번
- □ * 단과대학코드
- □ * 학과코드
- □ * 학생구분코드
- □ * 최종학적상태코드
- □ * 구성원번호(FK)

교직원
- □ # 교직원번호
- □ * 교직원구분코드
- □ * 임용일자
- □ o 퇴직일자
- □ * 직급코드
- □ * 구성원번호(FK)

[그림 3-4]

엔터티를 정의할 때 명확화는 매우 중요하다. 특히, 행위의 주체에 대해서는 많은 시간을 투자해서 명확하게 엔터티 정의를 해야 한다.

엔터티와 엔터티의 역할을 정확하게 구분하지 못해서 하나의 엔터티로 관리 가능한 경우에도 엔터티를 각각 생성하여 동일한 데이터가 중복으로 관리되는 현상이 발생하곤 한다.

예를 들면, 물품을 구입하는 구입거래처와 물건을 판매하는 판매거래처를 각각의 엔터티로 관리하는 형태이다. 구입거래처와 판매거래처는 실제로는 업체와의 거래에서 구입하는 거래인지 판매하는 거래인지를 나타내는 역할에 해당하는 것이므로 업체 엔터티 하나로 관리해야 한다.

[그림 3-5]

그리고 구입거래 관계와 판매거래 관계는 업체 엔터티와 거래 엔터티의
관계로써 풀어야 한다.

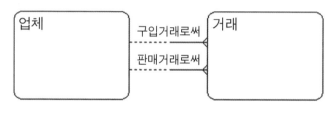

[그림 3-6]

2.5.2 엔터티명 부여

엔터티명은 관리하고자 하는 것이 무엇인지를 직관적으로 알 수 있게 부
여되어야 한다. 물론 엔터티명으로 관리하는 집합을 모두 표현할 수 없을
수도 있으나 될 수 있으면 표현할 수 있게 정의해야 한다.

엔터티명은 모델러 및 개발자 등 다수의 관련자가 엔터티의 집합을 동일
하게 인지할 수 있게 정의해야 한다.

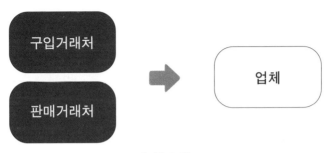

[그림 3-7]

앞서 설명했던 업체 엔터티는 고객사와의 거래에서 물품을 구입하고 제품을 판매하는 회사로 정의할 수 있다. 그런데, 여기서 주의해야 할 것은 명명규칙 및 표준을 준수해야 한다는 것이다. 표준 단어와 용어에 등재된 단어와 용어를 사용하여 엔터티명을 부여하고 만약 표준 단어와 용어에 필요한 단어나 용어가 없다면 반드시 표준으로 신청하여 승인받아 등재한 이후에 사용해야 한다. 엔터티 명명규칙 및 표준 단어와 표준 용어는 해당 고객사의 '데이터 표준화 관리 지침'에 따라 정의하여 시스템 개발 시 적용한다. 엔터티 명명규칙 예제는 다음과 같다.

- 논리적 데이터 집합을 가장 쉽게 이해할 수 있는 단어를 사용해야 한다
- 타 엔터티의 명칭과도 일관성을 유지해야 한다
- 전사적으로 중복되지 않아야 한다
- 복수형을 사용하지 않는다
- 엔터티명은 한글 사용을 원칙으로 하고 필요할 때 영숫자를 사용한다
- 엔터티명은 띄어쓰기를 하지 않는다
- 엔터티명은 단수의 명사 또는 명사구로 정의한다
- 엔터티 유형에 따라 해당하는 유형을 맨 뒤에 포함할 수 있다

엔터티 유형에는 내역, 상세, 이력, 집계(통계) 등이 있다.

2.5.3 서브타입 지정

엔터티를 구성하는 구성요소가 무엇인지를 나타내는 서브타입을 기술하는 것은 엔터티가 관리하고자 하는 것이 무엇인지를 명시적으로 표현하는 방법이다. 앞 장에서 정의했던 엔터티를 다시 생각해 보면 학적 엔터티는 학부생과 대학원생으로 서브타입이 구성되고 교직원은 교수, 강사 및 직원으로 서브타입이 구성된다.

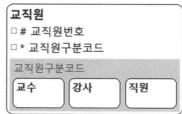

[그림 3-8]

서브타입 집합의 전제조건은 첫째, 서브타입의 구성요소의 합집합은 전체 집합이 되어야 하고 둘째, 구성요소 간에는 중첩이 없는 공집합이어야 한다. 이를 수학적으로 표현하면 다음과 같다.

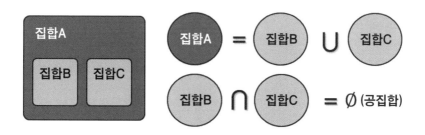

[그림 3-9]

서브타입 구성요소의 합집합은 전체 집합이 되어야 한다는 것은 서브
타입의 모든 구성요소가 명확하게 표현되고 표시되어야 한다는 의미다.
그럼으로써 엔터티가 관리하고자 하는 것이 무엇인지를 명확하게 표현
할 수 있다. 그런데, 혹자는 엔터티를 자세하게 표시하려고 많은 서브타
입을 표현하는데 아래와 같이 일반 코드를 열거하고 코드 전체를 표현할
수 없기에 '…'으로 표시하기도 한다. 하지만 이렇게 해서는 안 된다. 표시
하려면 반드시 전체를 다 명확하게 표시해야 한다. 그리고 일반코드는 너
무 코드가 많은 경우 일반적으로 ERD에 서브타입으로 표시하지 않는다.

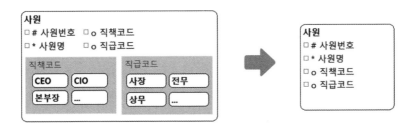

[그림 3-10]

2.5.4 집합 통합 시 유의사항

엔터티 통합 시에는 데이터의 성격을 정확하게 파악하고 난 뒤에 통합을
할 것인지 아니면 분리할 것인지를 결정해야 한다. 즉, 데이터 성격이 동
질성을 가졌는지 검토하여 동질성을 가지고 있다면 최대한 통합하도록
한다.

앞에서 키 엔터티, 메인 엔터티 및 행위 엔터티로 엔터티를 분류했는데
키 엔터티일수록 통합의 강도를 높이고 행위 엔터티인 경우는 통합의 강
도를 낮추도록 한다.

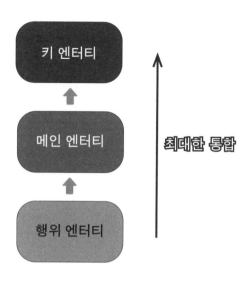

[그림 3-11]

키 엔터티를 최대한 통합하고 메인 엔터티는 적절하게 통합함으로써 유연성을 확보하고 배타관계를 해소하는 구조를 생성한다.

앞 장에서 행위의 주체에 대한 통합을 계속 언급했는데 추가로 엔터티 통합에 대한 예시를 보자. 통합하는 경우와 그렇지 않은 경우를 비교해 보자.

예를 들어, 물품을 요청하는 청구 엔터티와 물품을 내어주는 불출 엔터티가 있다고 가정하자. 청구는 청구유형 A, B, C가 존재하고 각각의 청구유형에 따라 불출이 발생한다고 하자. 이때, 청구유형에 따라 청구 엔터티를 N개로 생성하는 경우와 하나로 통합하는 경우를 보자.

(1) 분할한 경우

청구유형 A에 대한 청구A 엔터티, 청구유형 B에 대한 청구B 엔터티, 청구유형C에 대한 청구C 엔터티로 분할하여 구성하고 불출 엔터티와는 배타관계를 형성한다. 즉, 불출 엔터티의 관점에서는 부모 엔터티가 N개로 구성되는 데이터 모델이 된다.

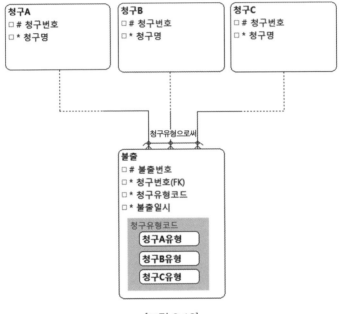

[그림 3-12]

이러한 경우 데이터의 일관성에 문제가 발생하고 개발의 생산성도 떨어지며 오류도 다수 발생한다. 치명적인 문제는 데이터의 일관성인데 청구유형에 따라 A, B, C 엔터티로 분할되어 있다 보니 A유형의 데이터가 청구B 엔터티에 입력될 수도 있고 B유형의 데이터가 청구A 엔터티에 입

력되는 등 엔터티 설계 시 정의한 집합에서 벗어나는 부적합한 데이터가
쌓이는 문제가 발생한다. 또한, 배타 관계로 형성되다 보니 SQL도 복잡
하게 작성이 되고 성능 또한 취약한 문제가 발생할 수 있다. 실제로 위의
경우보다 더 많은 유형별 청구 엔터티를 분할하여 데이터 모델을 설계한
사이트도 있다. 이처럼 청구유형에 따라 분할된 경우 청구유형이 추가될
때마다 엔터티가 추가되어야 한다.

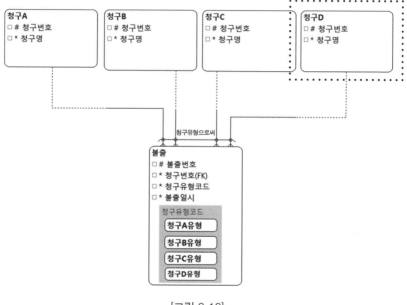

[그림 3-13]

엔터티가 추가된다는 것은 해당 엔터티에 CRUD를 수행하는 프로그
램을 추가해야 한다는 의미이다. CRUD는 Create(생성), Read(읽기),
Update(갱신), Delete(삭제)를 묶어서 일컫는 말이다. 불출 엔터티에도
'청구유형D'에 대한 처리를 추가해야 한다.

(2) 통합한 경우

청구 엔터티를 하나로 통합하는 경우는 다음과 같이 단순화된 데이터 모델이 생성된다.

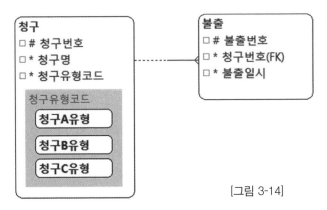

[그림 3-14]

청구유형이 추가되어도 엔터티 추가 없이 서브타입만 추가하면 된다.

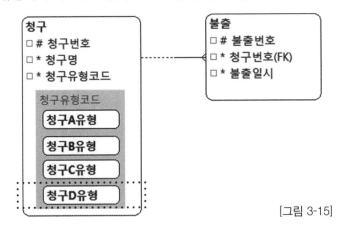

[그림 3-15]

즉, 청구유형코드에 '청구D유형' 코드 값을 추가하고 '청구D유형'이 기존의 청구유형과 다른 부분이 있으면 해당 부분에 대한 소스코드를 수정하면 된다. 추가적인 CRUD 프로그램 개발은 필요 없다.

3. 식별자(Unique Identifier)

식별자(Unique Identifier, UID)란 엔터티 내 특정 건을 다른 것과 구별할 수 있도록 식별해주는 하나 이상의 속성과 관계의 조합이다.

모든 엔터티는 반드시 식별자를 가져야 하고 식별자가 없는 엔터티는 엔터티가 아니다. 대부분의 키 엔터티는 하나의 속성으로 식별자를 구성하고 메인 및 행위 엔터티는 의미상의 주어 즉, 엔터티 생성에 직접적인 역할을 한 속성이 식별자로 구성된다. 그러나 상황에 따라 인조키(Artificial Key)로 대체될 수 있다. 무조건 인조키를 만들거나 상속받는 속성만으로 식별자를 구성하는 것은 아니며 전략적인 판단이 요구된다.

3.1 식별자의 요건

식별자의 요건은 다음과 같다.

- 엔터티 무결성(Entity Integrity) 규칙을 위배하지 않을 것
- 값의 수정이 없는 것
- 업무적으로 활용도가 높은 것
- 모든 엔터티는 반드시 식별자를 가져야 함

엔터티 무결성이란 엔터티에 저장되는 튜플(Tuple)의 유일성을 보장하기 위한 제약조건이다.

- 식별자를 구성하는 각 속성이 NULL이 아닐 것
- 엔터티 내 특정 건(Instance)의 유일성(Uniqueness)을 보장할 것
- 최소한의 집합(Minimal set)일 것

예를 들면, 다음과 같이 고객 중 '홍길동'이라는 특정 사람을 구별하는 방법은

- 주민등록번호(고객번호)
- 주민등록번호 + 성명
- 주민등록번호 + 성명 + 주소
- 주민등록번호 + 성명 + 주소 + 전화번호

주민등록번호로 구별할 수 있고 주민등록번호 + 성명 + 주소 + 전화번호 4개 항목의 조합으로도 구별할 수 있다. 그러나 '최소한의 집합'이라는 조건에 따라 주민등록번호로 구별하도록 식별자를 구성한다. 또한 고객번호는 주민등록번호와 1:1 관계의 데이터로 임의로 부여한 항목이므로 고객번호가 아래 엔터티의 식별자가 된다.

고객번호	주민등록번호	성명	주소	전화번호
1001	7001010-1xxxxxx	홍길동	서울	010-1234-5678
1002	6901010-2xxxxxx	홍길순	인천	010-2234-5678
1003	6801010-1xxxxxx	홍길도	부산	010-3234-5678
1004	5801010-2xxxxxx	홍길자	경기	010-4234-5678

데이터 무결성(Data Integrity)은 데이터의 정확성과 일관성을 유지하고 보증하는 것을 가리키며 데이터베이스나 RDBMS 시스템의 중요한 기능이다.

데이터 무결성(Data Integrity)에는

- 엔터티 무결성(Entity Integrity)
- 참조 무결성(Referential Integrity)
- 도메인 무결성(Domain Integrity)

이 있으며 참조 무결성은 관계에서, 도메인 무결성은 속성에서 설명한다.

3.2 식별자 부여 기준

3.2.1 식별자 부여 기준 - 키 엔터티

키 엔터티는 행위의 주체 또는 목적물이며 주로 하나의 속성으로 된 식별자를 부여한다. 행위의 주체를 구별하는 속성은 이미 사전에 정의된 유일값이 존재하기도 하지만 대다수의 경우 새롭게 부여한다.

예를 들어 특정 사람을 구별하기 위하여 대한민국 국민의 경우 주민등록법 제7조2(주민등록번호의 부여)에 따라 개인에 고유한 등록번호(주민등록번호)가 부여되고 사업자의 경우 부가가치세법 제8조(사업자등록)에 따라 사업자에게 고유한 등록번호(사업자등록번호)가 부여되어 유일값이 존재하며 일반적으로 고객번호를 새롭게 부여하여 내부적으로 관리한다.

고객번호	주민등록번호	성명	주소	전화번호
1001	7001010-1xxxxxx	홍길동	서울	010-1234-5678
1002	6901010-2xxxxxx	홍길순	인천	010-2234-5678
1003	107-81-xxxxx	(주)사업자1	부산	
1004	101-86-xxxxx	(주)사업자2	경기	

참고로, DB에 테이블 생성 시 고객번호가 당연히 PK(Primary Key)가 되지만 등록번호(주민등록번호/사업자등록번호)에 Unique Index를 생성하여 동일한 사람에 대해 다른 고객번호가 부여되는 것을 방지해야 한다. 왜냐하면, 고객번호는 임의로 부여하는 값이기 때문에 주민등록번호로 제약을 설정하지 않으면 동일인의 데이터가 다수 생성되는 문제가 발생하기 때문이다. 목적물은 행위 주체의 대상이 되는 것으로써 상품이나 물건 등이 해당하며 목적물을 구별하는 속성을 새롭게 식별자로 부여한다. 상품의 경우 상품의 유형, 규격, 색상, 재질 등이 상품을 구별하지만 새롭게 하나의 속성을 식별자로 부여한다.

3.2.2 식별자 부여 기준 - 메인 엔터티

메인 엔터티는 업무의 중심(메인)이 되는 엔터티로써 식별자를 하나의 속성으로 새롭게 부여하거나 필요하면 키 엔터티를 상속받고 속성을 추가한다. 키 엔터티의 속성을 메인 엔터티의 식별자로 포함할지 아니면 새롭게 부여할지의 결정이 필요하며 결정의 기준은 메인 엔터티의 자식/손자 등이 얼마나 많은지 즉, 업무적으로 행위의 엔터티가 얼마나 복잡한지 또는 키 엔터티의 식별자가 행위 엔터티에서 필요한지 등을 다각적으로 검토하여 정의해야 한다.

구분	키 엔터티를 일반속성으로 상속	키 엔터티를 식별자로 상속
개념	**키 엔터티** □ # 키_식별자 **메인 엔터티** □ # 메인_식별자 □ * 키_식별자(FK)	**키 엔터티** □ # 키_식별자 **메인 엔터티** □ # 메인_식별자 □ # 키_식별자(FK)
예제	**고객** □ # 고객번호 **계약** □ # 계약번호 □ * 고객번호(FK)	**교과목** □ # 교과목코드 **교과과정** □ # 년도 □ # 학기 □ # 교과목코드(FK)
설명	통신, 생명보험, 손해보험 등은 계약 후 후속업무가 발생하며 계약(번호)을 기준으로 후속 업무가 이루어지므로 계약번호만 식별자로 구성하는 것이 바람직함	대학 학사 업무에서 교과과정의 후속 업무는 항상 교과목이 필요하므로 교과목코드를 식별자로 상속하는 것이 바람직함

3.2.3 식별자 부여 기준 - 행위 엔터티

행위 엔터티는 해당 기업과 기관에서 업무를 수행하여 발생하는 데이터를 관리하기 위한 엔터티로 부모의 식별자를 상속받아 식별자를 구성한다. 필요하다면 새롭게 식별자를 부여할 수 있으나 데이터 발생 규칙 등을 신중하게 검토 후 부여해야 한다.

새롭게 식별자를 부여한다는 것은 인조값(키)을 지정하는 것이므로 해당 엔터티의 데이터 발생 규칙이 무엇인지 집합 정의를 명확히 해야 한다. 인조키를 적용한 경우 의미상의 주어를 찾는 노력이 필요하고, 찾았다고 하더라도 인조식별자를 통한 데이터의 발생은 무작위로 생성될 개연성이 존재하기에 잘못된 데이터를 양산할 수 있음으로 신중하게 검토해서 부여해야 한다.

행위 엔터티는 육하원칙(6W1H)에 따라 어떻게 데이터가 발생하는지를 파악하여 식별자를 구성해야 한다. 즉, 엔터티 생성에 직접적인 역할을 한 속성들이 무엇인지, 데이터 발생 규칙이 무엇인지 등을 조사해서 식별자를 구성해야 한다. 육하원칙에 따른 의미는 다음과 같다.

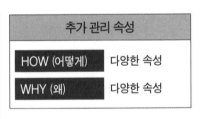

[그림 3-16]

예를 들어, 구매요청 행위에 대해 육하원칙에 따라 의미상의 주어 등 속성의 의미는 다음과 같다.

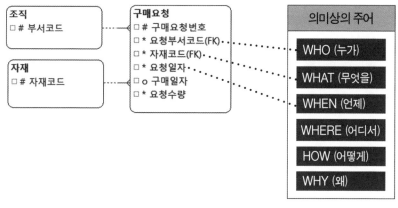

[그림 3-17]

3.3 식별자 확정

앞에서 키 엔터티, 메인 엔터티 및 행위 엔터티의 식별자 부여 규칙을 정의하였다. 기본적으로 키 엔터티는 하나의 속성으로 된 식별자를 부여하고 메인 엔터티는 업무의 중심이 되는 엔터티이므로 하나의 속성을 새롭게 부여하거나 키 엔터티의 식별자를 상속받고 속성을 추가한다. 행위 엔터티는 부모의 식별자를 상속받아 식별자를 구성하고 필요하다면 충분한 검토 후 식별자를 새롭게 부여한다.

업무의 복잡도에 따라 키 엔터티부터 행위 엔터티까지 자식 엔터티가 많을 수도 있고 손자의 손자 등 엔터티가 깊을 수도 있으니 부모 식별자의 상속 여부와 새로운 식별자 부여를 신중하게 결정해야 한다.

[그림3-18]은 메인 엔터티인 '엔터티_나'가 부모로부터 식별자를 상속받고 따라서 자식과 손자 엔터티도 '엔터티_부모' 엔터티의 식별자를 상속받는 경우 식별자 구성의 예를 보여준다.

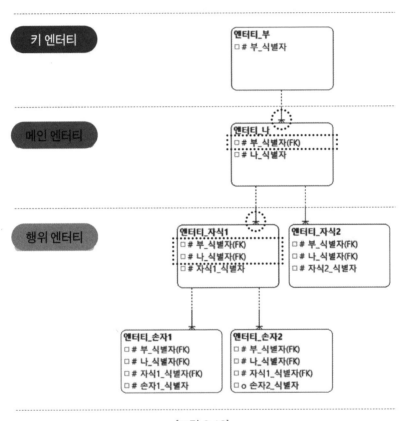

[그림 3-18]

[그림3-19]는 메인 엔터티인 '엔터티_나'가 부모로부터 식별자를 상속받지 않고 새롭게 부여하여 자식과 손자 엔터티는 '엔터티_나' 엔터티의 식별자만을 상속받는 경우의 식별자 구성 예를 보여준다.

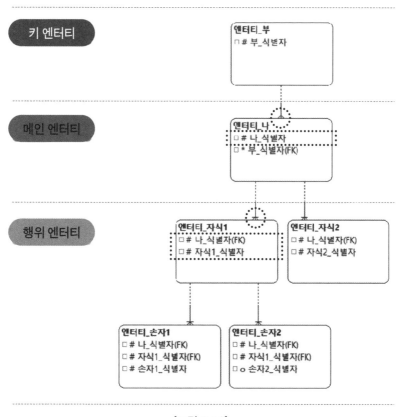

[그림 3-19]

4. 관계(Relationship)

관계(Relationship)란 하나 또는 두 개의 엔터티를 연관시키는 업무와 관련된 중요한 사항이다. 관계는 항상 두 개의 엔터티 사이에 존재하며 (하나의 엔터티에 두 개의 관계가 존재하기도 한다) 상호 간에 각각의 관점이 존재한다. 관계는 엔터티가 상호 간에 어떻게 연관되어 있는지를 파악하여 표현하는데 다음과 같은 3가지 특성을 가진다.

- 식별성(Identification)
- 선택성(Optionality)
- 기수성(Degree, Cardinality)

엔터티 간의 관계는 무수히 존재하지만 직접적인 관계에만 관계를 설정해야 한다. 즉, 부모와 자식 간만 관계를 설정하고 형제자매 간이나 조부모 간의 관계는 설정을 배제해야 한다.

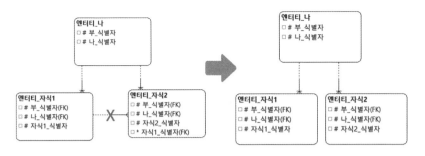

[그림 3-20]

4.1 관계의표현

관계는 두 개의 엔터티 또는 자신과의 관계를 상호간에 각각의 관점으로 표현한다. 관계의 표현은 먼저 식별성을 검토하고 기수성 및 선택성을 검토하여 설정한다.

4.1.1 식별성(Identification)

식별성은 부모 엔터티 식별자가 자식 엔터티 식별자의 일부분인지 아닌지의 여부에 따라 식별관계와 비식별관계로 구분한다.

- **식별 관계(Identification Relationship)**
  부모 엔터티의 식별자가 자식 엔터티 식별자의 일부분이 되는 관계

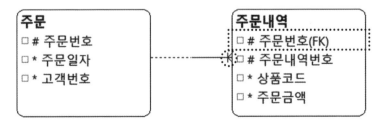

[그림 3-21]

- 비식별 관계(Non-identification Relationship)

  부모 엔터티의 식별자가 자식 엔터티 식별자의 일부분이 아닌 관계

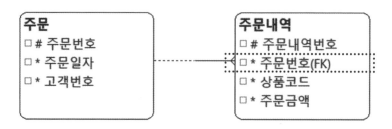

[그림 3-22]

4.1.2 기수성(Degree) 및 선택성(Optionality)

기수성(Degree, Cardinality)은 1(one) 또는 M(many)을 의미한다. 기수성의 표현은 다음과 같이 1집합인 경우는 직선(---)으로 표시하고 M집합인 경우는 까마귀발가락(≼) 모양으로 표현한다.

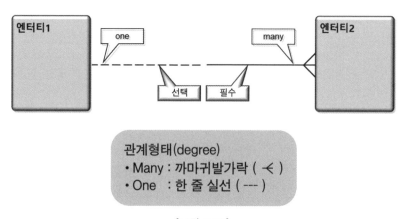

[그림 3-23]

관계에서 기수성은 업무 간에 데이터가 어떻게 발생하는지를 표현하는 것으로 매우 중요한 의미를 가진다. 물리 데이터 모델링을 거쳐 DB에 테이블로 생성 시 기수성은 테이블 간의 조인 결과에 영향을 미친다.

즉, 1집합과 1집합이 조인을 하면 결과는 1집합이 되는 것이고 1집합과 M집합이 조인을 하면 결과는 M집합이 된다. M집합과 N집합이 조인을 하면 결과는 M*N집합이 된다.

선택성(Optionality)은 필수(Mandatory)이면 실선으로, 선택(Optional)이면 점선으로 표현한다. 앞에서 표시한 것처럼 엔터티1은 엔터티2를 가질 수 있고 엔터티2는 엔터티1을 반드시 가져야 한다는 의미이다.

사원과 부서 엔터티로 선택성(선택사양)을 설명하면 다음과 같다.

- 필수(Mandatory)

  부서는 반드시 사원을 가져야 하고 사원은 반드시 부서를 가져야 한다. 업무적으로 조직 개편 등의 이유로 부서가 신규로 만들어지면 사원이 반드시 존재해야 하고 부서 데이터와 사원 데이터가 동시에 생성되어야 한다.

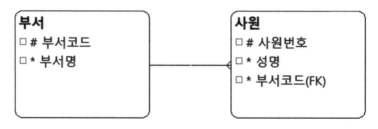

[그림 3-24]

- 선택(Optional)

   부서는 사원을 가질 수 있고 사원은 반드시 부서를 가져야 한다. 업무
   적으로 조직 개편 등의 이유로 부서가 신규로 생성되면 사원이 없어
   도 되므로 일단 부서를 신규로 생성하고 추후 사원을 해당 부서에 배
   속시킨다. 사원은 반드시 하나의 부서에 속해야 하므로 신입사원이
   입사하여 사원이 입력될 때 특정 부서를 할당해야 한다는 의미이다.

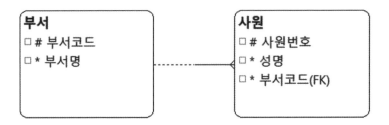

[그림 3-25]

위의 예를 기수성과 선택성을 합쳐서 다시 설명하면 다음과 같다.

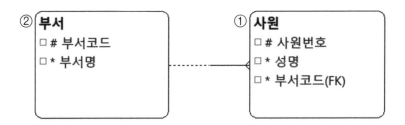

[그림 3-26]

	엔터티	관계 형태	엔터티	선택사양
①	각각의 사원은	단 하나의	부서를	반드시 가져야 한다
②	각각의 부서는	하나 이상의	사원을	가질 수도 있다

4.1.3 관계 명칭

관계는 당사자 간의 관계와 제3자가 보는 관계가 존재한다. 즉, 엔터티1이 엔터티2를 보는 관계와 엔터티2가 엔터티1을 보는 관계, 그리고 제3자가 엔터티1과 엔터티2를 보는 관계가 존재한다. 관계명은 속하여 또는 참조하여 등의 애매한 표현보다는 구체적으로 표현한다.

전후 상황을 보아 관계가 너무 분명하거나 지극히 일반적인 경우는 관계명을 생략할 수 있으며 제3자의 관계를 표현해도 무방하다. 관계명은 부사형으로 '~로써'의 형태로 기술한다.

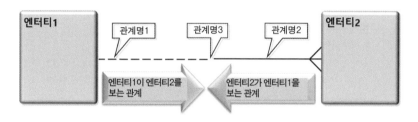

[그림 3-27]

그러나 다중 관계인 경우는 관계명을 반드시 기술하여 관계를 명확하게 정의해야 한다.

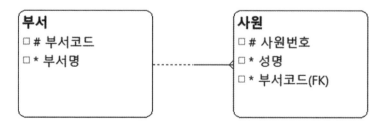

[그림 3-28]

앞의 예제를 다시 보면 부서와 사원 간의 관계에서 관계명을 기술하지 않았다. 이는 해당 사원은 해당 부서에 소속되어 있다는 것을 관계명이 없어도 쉽게 알 수 있기 때문에 표현하지 않은 것이다.

사원은 해당 부서에 소속되어 있지만 특정 기간에 파견되어 다른 부서에 소속될 수도 있다. 이러한 경우 다중 관계가 된다. 관계명은 '소속부서로써'의 관계명과 '파견부서로써'의 관계명을 모두 기술하여 업무적인 의미를 명확히 한다.

[그림 3-29]

4.2 관계 형태

관계의 표현에서 기수성에 대해 설명했는데 본 절에서는 그러한 엔터티 간의 1집합과 M집합의 형태와 의미를 설명한다. 즉, 1:1 관계, 1:M 관계 및 M:N 관계에 관해 설명하고 M:N 관계 해소 방법을 알아보자.

4.2.1 1:1 관계

엔터티 간의 관계에서 양쪽 모두 1집합의 형태이다. 드물게 발생하는 형태이며 양방향 모두 반드시(mandatory)가 되는 경우는 더 드물다.

1:1 관계는 실제로는 동일한 엔터티인 경우가 많으며 1:1 관계가 존재한다면 엔터티가 명확하게 정의되지 않았음을 의미한다. 1:1 관계의 두 개의 엔터티는 하나의 엔터티로 통합을 검토해야 한다.

◉ 필수 - 필수 관계

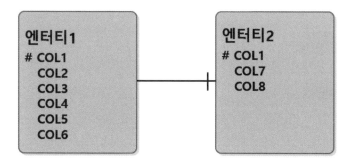

- 엔터티1 ⇒ 엔터티2이고 엔터티2 ⇒ 엔터티1이면 엔터티1 ⇔ 엔터티2 동치
- 즉, 필요충분조건을 만족하면 서로 동치
- 엔터티1의 집합이 생성된다면 엔터티2의 집합도 생성되어야 한다는 의미
- 엔터티1과 엔터티2는 하나의 엔터티로 통합 검토 필요
- 예제
  엔터티1 - COL1이 PK이고 나머지 COL2~COL6 일반속성, 6개의 ROW 존재
  엔터티2 - COL1이 PK이고 나머지 COL7~COL8 일반속성, 6개의 ROW 존재
  엔터티3 - 엔터티1과 엔터티2 통합

엔터티1

	COL1*	COL2	COL3	COL4	COL5	COL6
ROW1						
ROW2						
ROW3						
ROW4						
ROW5						
ROW6						

엔터티2

	COL1*	COL7	COL8
ROW1			
ROW2			
ROW3			
ROW4			
ROW5			
ROW6			

1:1 통합

엔터티3

	COL1*	COL2	COL3	COL4	COL5	COL6	COL7	COL8
ROW1								
ROW2								
ROW3								
ROW4								
ROW5								
ROW6								

◉ 필수 - 선택 관계

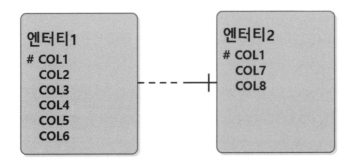

150

- 엔터티2는 엔터티1의 부분집합(subset)임
- 엔터티2는 엔터티1에 포함관계임
- 엔터티1과 엔터티2는 하나의 엔터티로 통합 검토 필요
- 예제

  엔터티1 - COL1이 PK이고 나머지 COL2~COL6 일반속성, 6개의 ROW 존재

  엔터티2 - COL1이 PK이고 나머지 COL7~COL8 일반속성, 4개의 ROW 존재

  엔터티3 - 엔터티1과 엔터티2 통합

엔터티1

	COL1*	COL2	COL3	COL4	COL5	COL6
ROW1						
ROW2						
ROW3						
ROW4						
ROW5						
ROW6						

엔터티2

	COL1*	COL7	COL8
ROW1			
ROW2			
ROW3			
ROW4			

 1:1 통합

엔터티3

	COL1*	COL2	COL3	COL4	COL5	COL6	COL7	COL8
ROW1								
ROW2								
ROW3								
ROW4								
ROW5								
ROW6								

포함 관계

AS-IS 시스템에서 엔터티 후보 도출 시 엔터티 간의 관계가 1:1인 경우가 존재한다. 엔터티 관계가 1:1 관계라는 것은 두 엔터티의 식별자가 동일하다는 의미이다. 이러한 경우 하나의 엔터티로 통합을 검토해야 한다. 1:1 관계의 형태를 유지하는 경우는

첫째, 엔터티의 속성이 매우 많고 속성들이 업무에 따라 부분적으로 처리되고 사용되어 업무적인 연관성을 고려하여 속성을 그룹화하여 수직 분할하는 경우이다. 수직 분할을 하지 않으면 하나의 ROW의 size가 너무 커져서 하나의 Block에 적은 수의 ROW만 저장되어 성능에 영향을 미칠 수 있는 경우이다.

둘째, 특정 속성의 데이터 타입이 BLOB 또는 CLOB 등 데이터 사이즈가 커서 하나의 엔터티에 관리할 경우 ROW를 읽을 때 Block IO가 빈번하게 발생하므로 분할하는 경우이다.

엔터티를 1:1 관계로 수직 분할하는 경우는 업무적인 데이터 특성을 잘 파악하고 충분한 검토 후에 적용해야 한다. 즉, 업무적인 특성을 잘 못 파악하여 연관된 데이터가 수직 분할되는 경우 항상 두 개의 테이블을 처리해야 한다. 이러한 경우 데이터 처리 성능에 문제가 발생할 수 있고 데이터 INSERT 시 트랜잭션 처리를 하지 않아 데이터의 불일치가 발생하는 등 문제가 발생할 수 있다. 데이터 불일치는 데이터 처리에서 치명적인 문제이다.

다른 예는 학적에서 학생사진을 별도의 엔터티로 분할한 경우이다. 학적 처리에서 학생 사진은 필요 없으며 특정 학생에 관한 데이터 1건을 조회할 때 학생사진을 표시하므로 분할 처리한다.

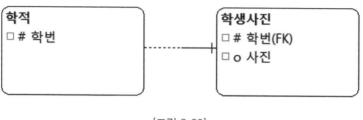

[그림 3-30]

위의 필수 - 선택 관계에서 예시로 기술했던 데이터 형태와는 다른 다음
과 같은 데이터가 발생했다면 어떨지 확인해 보자.

엔터티1

	COL1*	COL2	COL3	COL4	COL5	COL6
ROW1						
ROW2						
ROW3						
ROW4						
ROW5						
ROW6						

엔터티2

	COL1*	COL7	COL8
ROW1			
ROW2			
ROW7			
ROW8			

먼저, 위의 데이터 발생이 정상적으로 생성된 것이라면 엔터티1과 엔터
티2의 관계를 끊어야 한다. 즉, 부모 없이 데이터가 발생할 수 없음으로
엔터티1과 엔터티2는 관계가 없는 것이다. 그러므로 엔터티1과 엔터티2
와의 관계는 끊고 다른 엔터티와의 관계를 찾아 연결해야 한다.

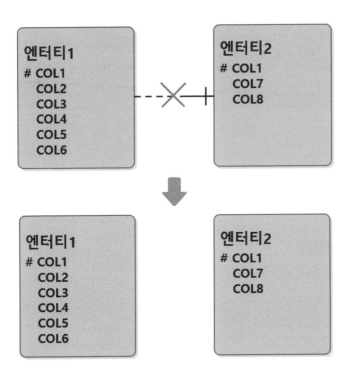

둘째, 정상적이라면 엔터티1에 ROW7과 ROW8이 생성되어야 하는데 프로그램의 오류로 인하여 누락된 것이라면 프로그램을 수정해야 한다. 즉, 필수 - 선택 관계는 그대로 유지된다.

4.2.2 1:M 관계

엔터티 간의 관계에서 한쪽 방향은 1집합이고 다른 쪽 방향은 M집합의 형태이다. 1집합은 부모이고 M집합은 자식이다. 또한, 1집합은 참조되는 쪽이고 M집합은 참조하는 쪽이다. 1:1 관계가 수평관계라 하면 1:M 관계는 수직 관계이다. 부모는 경우에 따라 자식을 갖지 않을 수 있고 자식은 부모 없이 태어날 수 없다. 가장 일반적이고 보편적인 형태의 엔터티 관계이다.

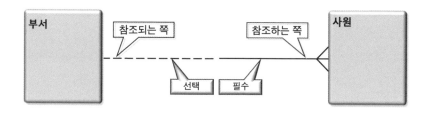

[그림 3-31]

4.2.3 M:N 관계

양쪽 방향 모두 M집합인 형태이다. 업무적으로 자주 발생하는 형태이고 단계적으로 1:M 및 M:1 형태로 M:N 관계를 해소해야 한다. 물리 데이터 모델링을 거쳐 테이블로 생성된 데이터를 조회하기 위해 두 개의 테이블을 조인 시 데이터가 복제(일명 뻥튀기)되는 문제가 발생하기 때문이다.

[그림 3-32]

M:N의 관계는 연관 엔터티를 생성하여 M:N 관계를 해소한다.

[그림 3-33]

예를 들어 앞 장에서 살펴봤던 비디오 렌탈 업무를 보자. 한 편의 영화에는 다수의 배우가 출연하고 한 명의 배우는 여러 편의 영화에 출연한다. 영화와 배우의 관계는 다음과 같이 M:N의 관계이다.

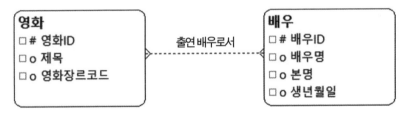

[그림 3-34]

M:N의 관계를 해소하기 위해 '영화출연배우'라는 연관 엔터티를 생성한다.

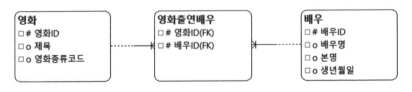

[그림 3-35]

4.3 특수한 형태의 관계

특수한 형태의 관계인 순환 관계 및 배타적 관계를 알아보자.

4.3.1 순환(Recursive) 관계

하나의 엔터티가 다른 엔터티가 아닌 자기 자신과 관계를 맺는 관계를 순환 관계라고 한다. 계층 구조를 통합하면 순환 구조가 된다. 순환 관계는 필수 관계가 아닌 선택 관계로 구성되어야 한다.

다음 예제는 계층 구조를 순환 구조로 통합한 경우이다.

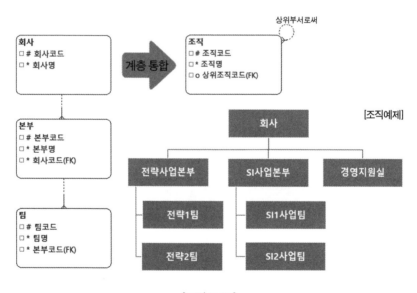

[그림 3-36]

계층을 통합하여 순환 관계로 형성된 조직 엔터티의 인스턴스 차트는 다음과 같다.

조직코드	조직명	상위조직코드
100000	회사(본사)	
200000	전략사업본부	100000
300000	SI사업본부	100000
400000	경영지원실	100000
200001	전략1팀	200000
200002	전략2팀	200000
300001	SI1사업팀	300000
300002	SI2사업팀	300000

그런데, 조직이 확장되어 '회사 - 본부 - 팀' 체계에서 '회사 - 부문 - 본부 - 팀' 구조로 '부문'이 추가되는 조직 개편을 한다면 어떻게 해야 하는지 살펴보자.

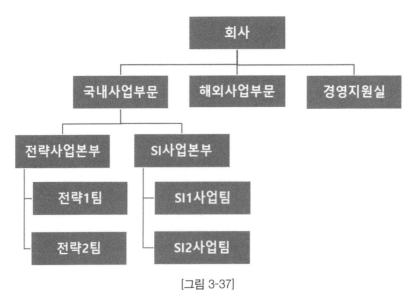

[그림 3-37]

먼저, 계층 구조로 되어 있는 경우는 부문 조직을 수용할 수 없기 때문에
부문 엔터티를 추가하고 관련 연결 값(FK)을 변경해 주어야 한다. 그리고
화면 및 관련 기능을 추가로 개발해야 한다.

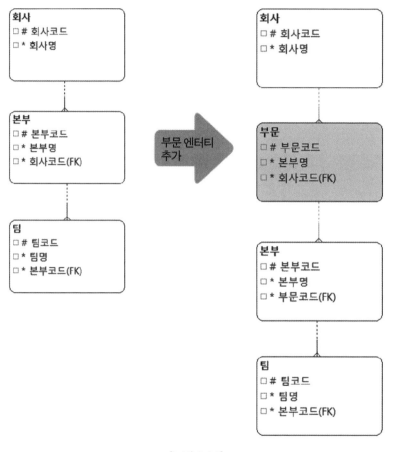

[그림 3-38]

순환 구조로 통합된 조직 엔터티는 다음과 같이 구조 변경 없이 데이터
값의 입력·수정으로 즉각 반영이 된다.

조직코드	조직명	상위조직코드	변경사항
100000	회사(본사)		
200000	전략사업본부	500000	상위조직 변경 : 100000 ➜ 500000
300000	SI사업본부	500000	상위조직 변경 : 100000 ➜ 500000
400000	경영지원실	100000	
200001	전략1팀	200000	
200002	전략2팀	200000	
300001	SI1사업팀	300000	
300002	SI2사업팀	300000	
500000	국내사업부문	100000	조직 추가
600000	해외사업부문	100000	조직 추가

즉, '국내사업부문'과 '해외사업부문'의 조직코드를 새로이 부여하고 신
규로 데이터를 생성한다. 그리고 '전략사업본부'와 'SI사업본부'의 상
위 조직이 변경되었으므로 상위조직코드를 '100000'(회사(본사))에서
'500000'(국내사업부문)으로 변경하면 조직 개편의 반영은 종료된다.

4.3.2 배타적(Exclusive) 관계

어떤 엔터티가 두 개 이상의 다른 엔터티의 합집합과 관계를 가지는 것
을 배타적 관계 또는 아크(Arc) 관계라고 한다.

아크 내에 있는 관계는 동일한 형태의 관계를 구성한다. 배타적 관계는
항상 필수(Mandatory)이거나 선택(Optional)이다. 또한, 배타적 관계는
항상 식별 관계이거나 비식별 관계이다.

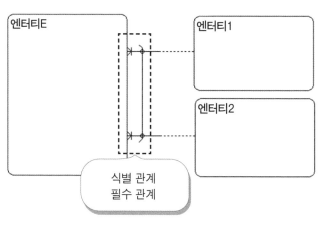

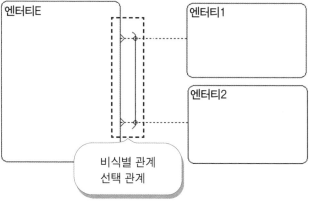

[그림 3-39]

4.4 참조 무결성 규칙

엔터티 간의 데이터 일관성을 보장하기 위한 제약조건이다. 하나의 엔터티에 있는 속성값이 다른 엔터티에 있는 속성값을 참조하기 위해서는 참조되는 속성값이 반드시 해당 엔터티에 존재해야 한다. 이따금 비즈니스 규칙에 따라 외래키 값은 NULL을 허용한다. 데이터베이스 설계 관점이 아닌 업무 규칙에 따라 적절한 참조 무결성 규칙을 선택한다.

참조 무결성 규칙은 두 가지 관점에서 규칙이 존재한다.

- **입력 규칙**(Insert Rule)
  자식 엔터티의 인스턴스를 입력할 때의 규칙

- **삭제 규칙**(Delete Rule)
  부모 엔터티의 인스턴스를 삭제할 때(또는 식별자를 수정할 때)의 규칙

4.4.1 입력 규칙

- **Dependent** : 대응되는 부모 실체에 Instance가 있는 경우에만 자식 실체에 입력을 허용
- **Automatic** : 자식 실체 Instance의 입력을 항상 허용하고 대응되는 부모 건이 없는 경우 이를 자동 생성
- **Nullify** : 자식 실체 Instance의 입력을 항상 허용하고 대응되는 부모 건이 없는 경우 자식 실체의 참조키(FK)를 Null 값으로 처리
- **Default** : 자식 실체 Instance의 입력을 항상 허용하고 대응되는 부모 건이 없는 경우 참조키(FK)를 기본값으로 처리

- Customized : 특정한 검증조건이 만족되는 경우에만 자식 실체 Instance의 입력을 허용
- No Effect : 자식 실체 Instance의 입력을 조건 없이 허용

4.4.2 삭제 규칙

- Restrict : 대응되는 자식 실체의 Instance가 없는 경우에만 부모 실체 Instance 삭제를 허용
- Cascade : 부모 실체 Instance의 삭제를 항상 허용하고 대응되는 자식 실체의 Instance를 자동 삭제
- Nullify : 부모 실체 Instance의 삭제를 항상 허용하고 대응되는 자식 실체의 Instance가 존재하면 그것의 참조키(FK)를 Null 값으로 수정
- Default : 부모 실체 Instance의 삭제를 항상 허용하고 대응되는 자식 실체의 Instance가 존재하면 그것의 참조키(FK)를 기본값으로 수정
- Customized : 특정한 검증조건이 만족되는 경우에만 부모 실체 Instance의 삭제를 허용
- No Effect : 부모 실체 Instance 삭제를 조건 없이 허용

5. 속성(Attribute)

속성(Attribute)이란 특정한 개체의 본질을 이루는 고유한 특성이나 성질로써 관리하고자 하는 상세 항목(정보)이다. 또한, 속성은 엔터티에서 관리되는 구체적인 정보 항목으로 더 이상 분리될 수 없는 최소의 데이터 보관 단위이다.

엔터티는 업무 활동상 지속적인 관심을 가지고 있어야 하는 대상으로서 그 대상에 대한 데이터를 저장할 수 있고 대상들 간의 동질성을 지닌 개체 또는 행위의 집합이다. 또한 관리하고자 하는 집합(SET)이 무엇인지를 정의한다. 속성은 우리가 관리하고자 하는 엔터티 개체의 관리 항목이다. 즉, 엔터티의 개체가 누구인지, 무엇인지, 어떤 특성을 가지고 있는지 등 각각의 사항(항목) 또는 대상의 상세한 특성이다.

5.1 속성의 유형

속성의 유형에는 기본속성(Basic Attribute), 설계속성(Designed Attribute), 파생속성(Derived Attribute) 등이 있다.

기본속성(Basic Attribute)은 업무로부터 발생한 태초부터 창조된 것을 말하며 엔터티 유형 중 가장 일반적이고 다수를 차지한다.

설계속성(Designed Attribute)은 업무로부터 발생한 태초부터 창조된 속성 이외에 데이터 모델링을 위해 또는 업무를 규칙화하기 위해 새로 만들거나 변환하여 정의한 속성이다. 예를 들어 코드 속성은 원래 업무 속성을 필요에 의해 변환하여 만든 설계 속성이고 (일련)번호와 같은 속성은 식별자를 부여하기 위해 새로 정의한 속성이다. 고객번호, 주문번호 및 상품코드 등이 여기에 해당한다.

파생속성(Derived Attribute)은 추출속성이라고도 하며 다른 속성으로부터 계산 등의 가공 처리를 통해 생성된 속성이다. 다른 속성에 의해 계산된 값들이므로 해당 속성의 값이 변경되면 다시 계산하는 등의 재가공 처리를 해야 한다. 따라서 데이터 정합성을 유지하기 위해 주의를 기울여야 하며 파생속성 생성 시 충분히 검토하고 최소화해야 한다. 생년월일로부터 계산하는 나이 또는 입사일로부터 현재까지를 계산하는 근무기간 등이 파생속성에 해당한다.

5.2 속성 후보 수집

앞 장에서 언급했듯이 많은 업무 요건, 업무 규칙, 업무별 제약·제한 사항 및 업무별 관련성 등이 존재하고 이에 따른 각종 문서, 양식 또는 서식이 존재한다. 또한, AS-IS 시스템이 존재한다면 DB 상에 존재하는 테이블 및 컬럼 정보 그리고 시스템 화면 등 많은 정보가 존재한다.

엔터티 후보와 동일하게 속성의 후보도 AS-IS 시스템의 ERD, DB 오브젝트, 각종 서식, 현업장표, 보고서 등 다양한 경로에서 수집한다.

5.2.1 AS-IS ERD

AS-IS 시스템의 산출물 중 ERD에서 컬럼 목록을 추출한다. 테이블명, 컬럼명 및 데이터타입 등의 추출이 가능하다. 추출한 샘플은 다음 페이지의 그림과 같다.

해당 ERD는 AS-IS 시스템의 오픈 시점에 작성된 산출물로 현재의 DB 스키마상에 존재하는 물리적인 컬럼과는 GAP(차이)이 존재할 수 있다. 기관과 기업의 운영 환경에 따라 ERD를 현재의 DB 스키마와 동일하게 잘 관리하는 곳도 있지만 그렇지 못한 경우도 존재하므로 DB 오브젝트에서 실제 존재하는 물리 컬럼을 추출하여 병합한다.

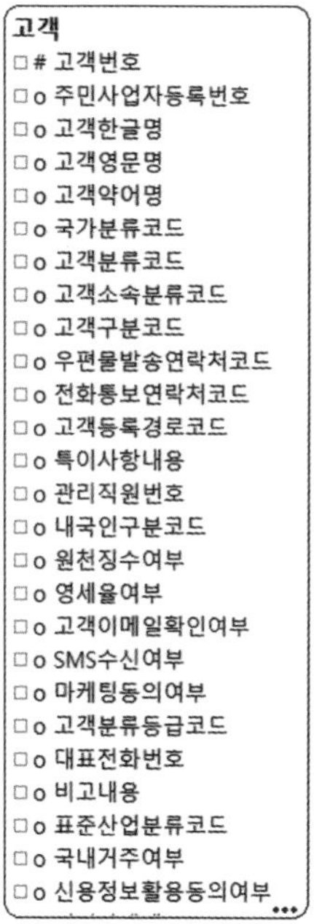

```
고객
□ # 고객번호
□ o 주민사업자등록번호
□ o 고객한글명
□ o 고객영문명
□ o 고객약어명
□ o 국가분류코드
□ o 고객분류코드
□ o 고객소속분류코드
□ o 고객구분코드
□ o 우편물발송연락처코드
□ o 전화통보연락처코드
□ o 고객등록경로코드
□ o 특이사항내용
□ o 관리직원번호
□ o 내국인구분코드
□ o 원천징수여부
□ o 영세율여부
□ o 고객이메일확인여부
□ o SMS수신여부
□ o 마케팅동의여부
□ o 고객분류등급코드
□ o 대표전화번호
□ o 비고내용
□ o 표준산업분류코드
□ o 국내거주여부
□ o 신용정보활용동의여부
```

테이블명	컬럼명	컬럼한글명	DATA_TYPE
고객		고객번호	VARCHAR2(7)
고객		주민사업자등록번호	VARCHAR2(64)
고객		고객한글명	VARCHAR2(50)
고객		고객영문명	VARCHAR2(50)
고객		고객약어명	VARCHAR2(50)
고객		국가분류코드	VARCHAR2(15)
고객		고객분류코드	VARCHAR2(15)
고객		고객소속분류코드	VARCHAR2(15)
고객		고객구분코드	VARCHAR2(15)
고객		우편물발송연락처코드	VARCHAR2(15)
고객		전화통보연락처코드	VARCHAR2(15)
고객		고객등록경로코드	VARCHAR2(15)
고객		특이사항내용	VARCHAR2(4000)
고객		관리직원번호	VARCHAR2(6)
고객		내국인구분코드	VARCHAR2(15)
고객		원천징수여부	VARCHAR2(1)
고객		영세율여부	VARCHAR2(1)
고객		고객이메일확인여부	VARCHAR2(1)
고객		SMS수신여부	VARCHAR2(1)
고객		마케팅동의여부	VARCHAR2(1)
고객		고객분류등급코드	VARCHAR2(15)
고객		대표전화번호	VARCHAR2(64)
고객		비고내용	VARCHAR2(2000)
고객		표준산업분류코드	VARCHAR2(6)
고객		국내거주여부	VARCHAR2(1)
고객		신용정보활용동의여부	VARCHAR2(1)

[그림 3-40]

5.2.2 DB 오브젝트 추출

AS-IS 시스템에서 컬럼 목록을 추출하는 경우이다. DB 스키마에 저장된 오브젝트 중 테이블별 컬럼 목록을 추출하여 목록화한다.

컬럼을 추출하는 방법은 DBMS의 시스템 카탈로그를 SELECT 하면 되고 오라클의 경우는 다음과 같은 SQL문을 사용한다.

```
SELECT  A.TABLE_NAME
        ,A.COLUMN_NAME
        ,B.COMMENTS
        ,A.DATA_TYPE ||
            CASE WHEN A.DATA_TYPE = 'NUMBER' AND A.DATA_PRECISION IS NOT NULL
                    THEN '(' || A.DATA_PRECISION ||
                        CASE WHEN DATA_SCALE > 0
                                THEN ',' || DATA_SCALE || ')'
                                ELSE ')'
                        END
                WHEN A.DATA_TYPE = 'NUMBER' AND A.DATA_PRECISION IS NULL
                    THEN '(' || A.DATA_LENGTH || ')'
                WHEN A.DATA_TYPE IN ('VARCHAR2','CHAR')
                    THEN '(' || A.DATA_LENGTH || ')'
            END DATA_TYPE
        ,A.NULLABLE
        ,A.COLUMN_ID
FROM    ALL_TAB_COLUMNS A, ALL_COL_COMMENTS B
WHERE   A.OWNER = 'SCOTT'                        - 해당 OWNER로 변경
AND     A.TABLE_NAME = B.TABLE_NAME
AND     A.COLUMN_NAME = B.COLUMN_NAME
ORDER BY TABLE_NAME, COLUMN_ID
```

SELECT 결과는 다음과 같다.

TABLE_NAME	COLUMN_NAME	COMMENTS	DATA_TYPE	NULLABLE	COLUMN_ID
BONUS	ENAME		VARCHAR2(10)	Y	1
BONUS	JOB		VARCHAR2(9)	Y	2
BONUS	SAL		NUMBER(22)	Y	3
BONUS	COMM		NUMBER(22)	Y	4
DEPT	DEPTNO		NUMBER(2)	N	1
DEPT	DNAME		VARCHAR2(14)	Y	2
DEPT	LOC		VARCHAR2(13)	Y	3
EMP	EMPNO		NUMBER(4)	N	1
EMP	ENAME		VARCHAR2(10)	Y	2
EMP	JOB		VARCHAR2(9)	Y	3
EMP	MGR		NUMBER(4)	Y	4
EMP	HIREDATE		DATE	Y	5
EMP	SAL		NUMBER(7,2)	Y	6
EMP	COMM		NUMBER(7,2)	Y	7
EMP	DEPTNO		NUMBER(2)	Y	8
SALGRADE	GRADE		NUMBER(22)	Y	1
SALGRADE	LOSAL		NUMBER(22)	Y	2
SALGRADE	HISAL		NUMBER(22)	Y	3

ERD에서 추출한 목록과 DB 스키마에서 조회된 목록을 병합하여 전체 컬럼 목록을 생성한다. 병합 시 테이블명 및 컬럼명을 기준으로 비교하여 병합한다. 병합하면 ERD와 DB 스키마에서 각각 추출한 결과가 일부 다른 경우가 존재할 수 있는데 이것은 ERD 변경 없이 바로 DB 스키마를 변경했기 때문이다. 이러한 경우는 해당 조직의 모델 변경 관리 체계가 미흡하다고 볼 수 있다.

5.2.3 서식

공공기관의 경우 업무가 법으로 정의되어 있고 시행규칙에 해당 업무를 수행하기 위한 별표와 서식이 정의되어 있다. 사기업의 경우 회사 서식이 정의되어 있음으로 해당 서식을 취합하여 속성 후보 수집에 활용한다.

5.2.4 현업 장표

현업 업무에서 사용하는 장표는 데이터의 흐름을 파악하는 데 도움이 되고 데이터의 가공이 많아 기본 속성뿐만 아니라 설계속성 및 파생속성을 찾는 데 도움이 된다.

5.2.5 보고서

현업에서 작성한 보고서는 상급자에게 업무 처리에 관한 결과를 요약해서 보고하는 경우가 많아서 집계된 데이터가 다수 존재한다. 따라서 내부에 숨어있는 본질적 집합을 찾아내야 하는 경우가 있다.

5.2.6 관련 법령 및 문서

공공기관의 경우 업무가 법으로 정의되어 있고 시행령은 해당 법의 상세한 내역을 규율하는 내용이고 시행규칙은 시행령에 대한 상세한 내역을 규율하기 위한 것이므로 해당 내용을 참조하거나 추가적인 업무 규정 및 절차를 참조하면 도움이 된다. 하지만 많은 시간을 투자하기보다는 필요한 부분만 참조하자.

5.3 속성 후보 선정

다양한 경로를 통해 속성을 수집한 다음 수집된 관련 자료의 검토 및 분석 그리고 고객사 인터뷰를 통한 확인 및 보완을 통해서 속성 후보를 선정하는 작업을 진행한다.

업무로부터 발생하는 속성인지, 데이터 모델링을 위해 부여한 속성인지 또는 프로그램을 쉽게 개발하기 위해 미리 계산하거나 가공한 속성인지 등의 속성 유형을 파악하는 것이 중요하다.

AS-IS에서 설계한 설계속성은 TO-BE를 설계하면서 개념과 구조가 개선될 것이므로 기존의 설계속성은 TO-BE 사상에 맞게 변경이 필요하다. 또한, AS-IS에서 생성한 파생속성은 TO-BE로 가져갈지를 충분하게 검토해서 결정해야 한다. 그리고, 현재는 사장된 업무지만 기존에 발생했던 업무 데이터를 반영할지도 심도 있게 검토하여 최종 선정해야 한다.

다음 페이지의 예제는 ERD에서 추출한 목록과 DB 스키마에서 조회된 목록을 병합하여 생성된 컬럼 목록에 사용 여부와 제외 사유를 추가한 결과이다. 예제를 보면 AS-IS의 고객 테이블에서 세금 관련 속성 및 마케팅 속성이 중복되어 관리되고 있는 경우, 제외 사유에 이를 표시했다. 이에 TO-BE에서는 해당 테이블의 해당 속성을 제외하게 된다.

테이블명	컬럼한글명	DATA_TYPE	사용여부	제외사유
고객	고객번호	VARCHAR2(7)		
고객	주민사업자등록번호	VARCHAR2(64)		
고객	고객한글명	VARCHAR2(50)		
고객	고객영문명	VARCHAR2(50)		
고객	고객약어명	VARCHAR2(50)		
고객	국가분류코드	VARCHAR2(15)		
고객	고객분류코드	VARCHAR2(15)		
고객	고객소속분류코드	VARCHAR2(15)		
고객	고객구분코드	VARCHAR2(15)		
고객	우편물발송연락처코드	VARCHAR2(15)		
고객	전화통보연락처코드	VARCHAR2(15)		
고객	고객등록경로코드	VARCHAR2(15)		
고객	특이사항내용	VARCHAR2(4000)		
고객	관리직원번호	VARCHAR2(6)		
고객	내국인구분코드	VARCHAR2(15)		
고객	원천징수여부	VARCHAR2(1)	N	세금 관련 중복 속성
고객	영세율여부	VARCHAR2(1)	N	세금 관련 중복 속성
고객	고객이메일확인여부	VARCHAR2(1)	N	마케팅 관련 중복 속성
고객	SMS수신여부	VARCHAR2(1)	N	마케팅 관련 중복 속성
고객	마케팅동의여부	VARCHAR2(1)	N	마케팅 관련 중복 속성
고객	고객분류등급코드	VARCHAR2(15)	N	마케팅 관련 중복 속성
고객	대표전화번호	VARCHAR2(64)	N	마케팅 관련 중복 속성
고객	비고내용	VARCHAR2(2000)	N	마케팅 관련 중복 속성
고객	표준산업분류코드	VARCHAR2(6)	N	마케팅 관련 중복 속성
고객	국내거주여부	VARCHAR2(1)	N	마케팅 관련 중복 속성
고객	신용정보활용동의여부	VARCHAR2(1)	N	마케팅 관련 중복 속성

앞의 예제는 AS-IS 시스템에서 추출한 컬럼 목록을 기준으로 TO-BE로 가져갈 속성을 선정하는 작업을 예시로 보여주고 있다. 엔터티 후보 선정 시에 수집된 신규 요건에 대한 자료 즉, 서식, 현업장표 및 보고서 등의 자료에서 관련 속성을 추출하여 적절한 엔터티에 배치하는 작업을 진행한다.

5.4 속성 확정

속성 후보 수집을 통해 TO-BE로 가져갈 속성과 버릴 속성을 검토하고 결정하며 엔터티와 식별자를 확정하여 데이터 구조(골격)를 완성하고 속성의 함수적 종속성을 파악하여 적절한 엔터티에 배치하여 중복 없는 최종 데이터 모델을 완성한다.

신규 요건에 따라 추가된 엔터티와 속성은 관련이 없지만 AS-IS 시스템으로부터 TO-BE로 확정된 엔터티 및 속성은 데이터 모델 설계가 완료된 이후에 데이터 이행을 수행해야 한다. 따라서 AS-IS vs TO-BE의 컬럼 매핑 정의서가 제공되어야 한다. 데이터 이행에 대한 변환 규칙은 이행팀에서 추후에 작업을 하겠지만, 이행 작업을 하기 전에 모델링팀에서 TO-BE 설계에 대한 AS-IS 컬럼 매핑 정의서를 제공해야 이행 작업이 순조롭게 진행된다.

다음은 엔터티 확정 절에서 예시로 기술했던 고객, 개인, 법인이 통합되고 각각의 엔터티의 속성이 하나의 고객 엔터티로 통합되어 배치되는 예제이다.

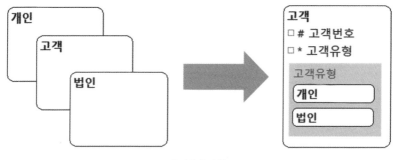

[그림 3-41]

다음 예시는 AS-IS 고객 엔터티의 주민사업자등록번호와 법인 엔터티의 사업자등록번호를 TO-BE 고객 엔터티의 고객등록번호 속성으로 매핑하고 AS-IS 고객 엔터티의 고객한글명과 법인 엔터티의 사업자명을 TO-BE 고객 엔터티의 고객한글명 속성으로 매핑한 결과이다. 또한, 법인 엔터티에만 존재하는 법인등록번호를 TO-BE 고객 엔터티의 법인등록번호로 매핑했다. (다음 페이지 표 참조)

여기서, 잠깐 생각해 보자. AS-IS의 고객과 법인 엔터티는 1:1 관계이다. 즉, 한 명의 사업자 고객은 고객 엔터티와 법인 엔터티 각각 한 명의 동일한 사업자인데 두 개의 엔터티에 중복되어 동일한 속성이 관리되고 있다. 만약 두 개의 엔터티에 고객한글명(사업자명)은 같은데 사업자번호는 다른 데이터가 각각 존재한다면 어떻게 해야 할 것인가? 그렇다고 동일한 고객의 사업자등록번호 정보를 다른 두 개의 속성을 만들어서 가져갈 수는 없다.

여기서 이행의 이슈, AS-IS 데이터의 클린징 이슈가 대두된다. 둘 중 하나는 잘못된 사업자등록번호이거나 또는 과거의 사업자등록번호일 수도 있다. 따라서, 고객사와 협의하여 고객이 클린징 할 것인지 또는 고객이력 엔터티를 생성하여 과거 데이터를 가져갈지 등을 결정해야 한다.

주제영역	TO-BE				AS-IS			비고
	엔터티명	테이블명	속성명	데이터타입	엔터티명	속성명	데이터타입	
고객기본	고객	TB_CUST	고객번호	VARCHAR2(7)	고객	고객번호	VARCHAR2(7)	
고객기본	고객	TB_CUST	고객등록번호	VARCHAR2(64)	고객	주민사업자등록번호	VARCHAR2(64)	
고객기본	고객	TB_CUST	고객등록번호	VARCHAR2(64)	법인	사업자등록번호	VARCHAR2(64)	
고객기본	고객	TB_CUST	고객한글명	VARCHAR2(50)	고객	고객한글명	VARCHAR2(50)	
고객기본	고객	TB_CUST	고객한글명	VARCHAR2(50)	법인	사업자명	VARCHAR2(50)	
고객기본	고객	TB_CUST	고객영문명	VARCHAR2(50)	고객	고객영문명	VARCHAR2(50)	
고객기본	고객	TB_CUST	고객외영명	VARCHAR2(50)	고객	고객외영명	VARCHAR2(50)	
고객기본	고객	TB_CUST	국가분류코드	VARCHAR2(15)	고객	국가분류코드	VARCHAR2(15)	
고객기본	고객	TB_CUST	고객분류코드	VARCHAR2(15)	고객	고객분류코드	VARCHAR2(15)	
고객기본	고객	TB_CUST	고객소속분류코드	VARCHAR2(15)	고객	고객소속분류코드	VARCHAR2(15)	
고객기본	고객	TB_CUST	고객구분코드	VARCHAR2(15)	고객	고객구분코드	VARCHAR2(15)	
고객기본	고객	TB_CUST	법인등록번호	VARCHAR2(64)	법인	법인등록번호	VARCHAR2(13)	
고객기본	신규1	TB_						신규 요건1
고객기본	신규2	TB_						신규 요건2
고객기본	신규3	TB_						신규 요건3

5.5 속성 검증

속성 확정시 몇 가지 검증작업이 필요하다.

5.5.1 최소 단위 검증

앞 절에서 언급했듯이 속성은 특정한 개체의 본질을 이루는 고유한 특성이나 성질로써 관리하고자 하는 상세 항목(정보)이고 엔터티에서 관리되는 구체적인 정보 항목으로 더 이상 분리될 수 없는 최소의 데이터 보관 단위이다. 즉, 속성은 최소 단위의 값(Atomic value)까지 분할한다. 속성의 분할 및 통합은 모든 업무에서 동일하지 않고 업무에 따라 달라질 수 있다.

통합된 속성	분할된 속성		
① 매출일자	매출년도	매출월	매출일
② 처리일시	처리일자	처리시간	
③ 전화번호	지역번호	국번	개별번호
④ 주소	지역주소	상세주소	

[그림 3-42]

① **매출일자** - 매출일자 속성은 매출년도, 매출월, 매출일 속성으로 나눌 수 있으며 업무에 따라 최소단위를 결정한다.

② **처리일시** - 처리일시 속성은 처리일자, 처리시간 속성으로 나눌 수 있으며 업무에 따라 최소단위를 결정한다.

③ **전화번호** - 전화번호 속성은 지역번호, 국번, 개별번호 속성으로 나눌 수 있으며 업무에 따라 최소단위를 결정한다. 일반적으로 전화번호를 할당하는 통신업무에서는 속성을 분할하고 나머지 업무에서는 통합된 속성으로 관리한다.

④ **주소** - 주소 속성은 지번 주소일 때는 지역주소(시도, 시군구, 읍면동, 번지), 상세주소 속성으로 나눌 수 있으며 업무에 따라 최소단위를 결정한다.

업무에 따라 달라질 수 있다고 해서 불필요하게 속성을 분할하면 문제가 발생할 수 있으며 분할 전에는 충분한 검토가 필요하다.

다음의 예는 매출년도와 매출월이 분할된 경우에 특정 기간(2019년 11월~2020년 2월)을 조회하고자 할 때 발생하는 문제를 나타낸다.

매출년도	매출월	매출년월
2019	03	201903
2019	04	201904
2019	05	201905
2019	06	201906
2019	07	201907
2019	08	201908
2019	09	201909
2019	10	201910
2019	11	201911
2019	12	201912
2020	01	202001
2020	02	202002

특정 기간(2019년 11월 ~ 2020년 2월)을 SELECT 하기 위한 SQL 구문은 다음과 같다. 4건이 조회되길 원하나 실제로는 0건이 조회된다.

```
AND   매출년도 BETWEEN '2019' AND '2020'
AND   매출월    BETWEEN '11'    AND '02'
```

원하는 데이터 4건이 조회되려면 다음과 같이 속성을 CONCAT 해야 한다. 속성을 CONCAT 해서 SELECT 하는 경우 매출년도, 매출월에 인덱스가 존재해도 해당 인덱스를 적용 못하고 FULL SCAN이 발생한다.

```
AND   매출년도||매출월 BETWEEN '201911' AND '202002'
```

따라서, 이러한 경우 속성의 최소단위는 매출년월이다.
테스트 SQL은 다음 페이지와 같다.

```
WITH SALES AS
(
SELECT '2019' 매출년도,'03' 매출월 FROM DUAL UNION ALL
SELECT '2019' 매출년도,'04' 매출월 FROM DUAL UNION ALL
SELECT '2019' 매출년도,'05' 매출월 FROM DUAL UNION ALL
SELECT '2019' 매출년도,'06' 매출월 FROM DUAL UNION ALL
SELECT '2019' 매출년도,'07' 매출월 FROM DUAL UNION ALL
SELECT '2019' 매출년도,'08' 매출월 FROM DUAL UNION ALL
SELECT '2019' 매출년도,'09' 매출월 FROM DUAL UNION ALL
SELECT '2019' 매출년도,'10' 매출월 FROM DUAL UNION ALL
SELECT '2019' 매출년도,'11' 매출월 FROM DUAL UNION ALL
SELECT '2019' 매출년도,'12' 매출월 FROM DUAL UNION ALL
SELECT '2020' 매출년도,'01' 매출월 FROM DUAL UNION ALL
SELECT '2020' 매출년도,'02' 매출월 FROM DUAL
)
SELECT *
FROM    SALES
WHERE 1=1
AND     매출년도 BETWEEN '2019' AND '2020'
AND     매출월   BETWEEN '11'  AND '02'
```

5.5.2 유일값 검증

속성이 하나의 값인 유일값(single value)을 가지는지 검증한다.

다시 말하면, 속성에서 관리되어야 할 값은 하나의 값, 유일 값만 존재해야 한다. 그러나 이것은 그 속성에 들어올 수 있는 값의 '종류가 반드시 하나'여야 한다는 의미는 아니다. 종류는 다양해도 상관없다. 즉, 엔터티에 들어가는 개체마다 하나의 값만 보유하고 있으면 된다는 의미다.

고객 엔터티에 존재하는 속성 중에서 계약일, 차량번호 및 고객등록번호에 대해 생각해 보자.

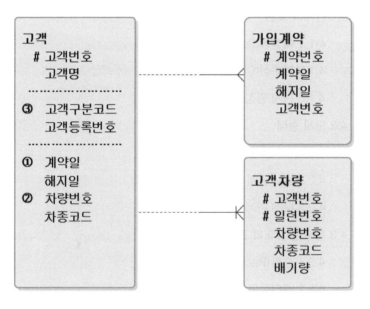

고객구분코드 = '개인' 이면 **고객등록번호** = '주민등록번호'
고객구분코드 = '사업자' 이면 **고객등록번호** = '사업자등록번호'

[그림 3-43]

① 계약일(해지일)

계약일(해지일) 속성은 고객 엔터티의 속성이 아니라 가입계약 엔터티의 속성이다. 고객은 여러 개의 계약일(해지일)을 가질 수 있기 때문에 고객 엔터티의 속성이 될 수 없다.

② 차량번호(차종코드)

차량번호(차종코드) 속성은 고객 엔터티의 속성이 아니라 고객차량 엔터티의 속성이다. 고객은 여러 개의 차량을 가질 수 있기 때문에 고객 엔터티의 속성이 될 수 없다.

③ 고객등록번호

고객등록번호 속성은 고객 엔터티의 속성이다. 언뜻 보기에는 고객등록번호 속성이 주민등록번호도 가질 수 있고 사업자등록번호를 가질 수 있어서 유일 값이 아닌 것으로 보일 수 있지만 이는 값의 종류만 다른 것이고 속성은 하나의 값만 가지므로 유일 값이다. 예를 들면, 고객 '홍길동'은 개인이고 하나의 주민등록번호만 가지고 고객 '원컨설팅'은 사업자이고 하나의 사업자등록번호만 가진다.

5.5.3 추출값 검증

속성이 원천 값인지, 다른 속성에 의해 가공되어서 생성된 값인지를 검증하는 단계이다. 원천적인 값이란 말 그대로 다른 것에 의해 만들어진 것이 아닌 태초부터 창조된 것을 말하며 추출값이란 이들을 가지고 언제라도 쉽게 재현할 수 있는 속성을 말한다.

여기서 중요한 포인트는 추출값 속성을 제거하고 기본속성으로 계산하여 쉽게 재현이 되는지(재현성) 아닌지다. 추출값의 재현이 쉽다면 추출 속성을 유지하지 않아도 된다. 하지만 재현 비용이 지나치게 많이 소요된 다면 추출값을 속성으로 유지하는 것이 좋다. 재현 비용은 해당 추출값을 계산하기 위해서 얼마나 많은 시간과 노력이 필요한가를 의미한다. 여러 상황을 고려하여 모델러가 적용 여부를 잘 판단해야 한다.

추출값을 속성으로 가져가는 경우 추출 속성의 값과 재현할 때의 값이 다른 경우가 발생한다. 이에 따라 데이터의 불일치가 발생할 수도 있다. 예를 들면 현주소를 추출값으로 생성하고 그 이후에 이사를 해서 현주소 가 변경되었다면 이 경우 추출값도 변경해 두지 않으면 데이터가 불일치 할 수 있다. 이력관리에 따라 판단이 달라질 수 있다.

추출값의 예제는 다음과 같다.

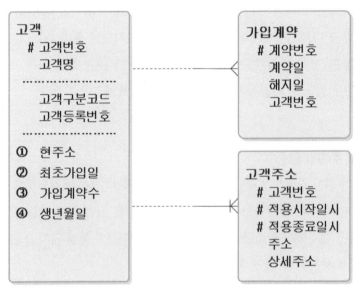

[그림 3-44]

① 현재 정보 관리 : 현주소, 고객등급 등

주소이력, 고객등급이력 등 N 건의 데이터에서 현재의 정보를 추출한다. 이력 엔터티를 조회하면 현재 데이터는 재현이 가능하며 재현 비용의 수용여부에 따라 추출값 적용을 결정한다.

② 최초 정보 관리 : 최초가입일, 모집사원 등

가입계약 N 건의 데이터에서 최초의 정보를 추출한다. 가입계약 엔터티를 조회하면 최초 데이터는 재현이 가능하며 재현 비용의 수용여부에 따라 추출값 적용을 결정한다.

③ 집계 정보 관리 : 가입계약수 등

가입계약 N 건의 데이터를 COUNT 한 계산값이다. 가입계약 엔터티를 조회하여 COUNT 하면 재현이 가능하며 재현 비용의 수용여부에 따라 추출값 적용을 결정한다.

④ 다른 속성의 일부 정보 분리 : 생년월일, 성별 등

개인 고객의 경우 고객 엔터티의 고객등록번호(주민등록번호)에서 생년월일 및 성별 값을 추출한다. 고객 엔터티에서 SUBSTR하면 재현이 가능하며 재현 비용의 수용여부에 따라 추출값 적용을 결정한다.

5.5.4 관리 수준 상세화 검토

현재의 관리 수준에 만족하지 말고 미래의 관리수준을 고려해야 한다. 현재는 관리하지 않지만 향후 업무 변화에 따라 상세화될 가능성에 대비하여 모델링을 수행해야 한다.

[그림 3-45]

예를 들어, 현재 고객의 부양가족 인원수만 관리하고 있다고 하자. 위의 그림처럼 좌측에 있는 형태로 모델링을 했는데 추후 부양가족을 관리해야 한다면 어떻게 할 것인가? 선행해서 우측의 형태로 모델링을 하여 부양가족을 담을 수 있는 엔터티를 생성하였다면 데이터 모델의 변경을 최소화할 수 있지 않을까?

추가로 부양가족이 고객이 된다면 부양가족 엔터티의 정보와 고객 엔터티의 정보에 중복이 발생할 것이다. 그렇다면 다음과 같이 부양가족도 고객으로 부여하고 가족관계 엔터티에 그 관계를 설정하면 된다.

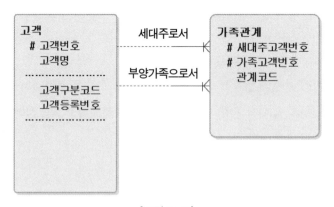

[그림 3-46]

어쨌든, 부양가족 엔터티를 생성하든 가족관계 엔터티를 생성하든 기능적으로 적용이 되어야 함은 당연하다. 기능적으로 되어야 데이터를 변경할 것이고 생성된 데이터를 보여 줄 수 있기 때문이다.

5.6 속성 확정시 고려 사항

속성 확정시 고려해야 할 속성명 부여, 도메인 정의 및 적용 그리고 속성의 NULL 여부 등에 대해 알아보자. 엔터티 명명규칙과 동일하게 데이터 모델링 전에 속성의 명명규칙 및 표준 단어와 용어를 정의하여 속성을 정의할 때는 신속하게 표준을 적용한다. 또한 도메인 표준도 사전에 정의하여 속성의 도메인을 적용한다. 최종적으로 속성의 NULL 여부를 확정한다.

5.6.1 속성명 부여

속성명은 의미를 명확하게 부여해야 한다. 모호한 명칭이나 지나친 약어 또는 자의적인 명칭 등은 지양하고 관련자 간에 의미가 명확하게 통용될 수 있는 명칭을 사용한다 .

속성의 명명규칙을 정의하고 데이터 표준화를 통해 표준단어 및 표준용어를 정의하여 속성명에 적용하여 조직 내에서 일관된 의미로 통용될 수 있도록 관리해야 한다.

속성 명명규칙 예제는 다음과 같다.

- 수식어 + 주제어 + 수식어 + 도메인
- 수식어 + 도메인
- 수식어와 주제어는 반복될 수 있다
- 주로 한글과 Alphanumeric을 사용한다
- 단수의 명사 또는 명사구로 정의하며 띄어쓰기를 하지 않는다
- 의미 없는 숫자 조합은 지양하고 정확한 명칭을 부여한다
- 속성명을 사용할 때 부득이하게 숫자를 조합할 경우 수식어를 사용하여 의미를 명확하게 하고 도메인 앞에 숫자를 부여하여 구분한다
  예) 청구1금액, 청구2금액
- 일반적으로 사용하는 용어를 축약하지 않는다
  잘못된 예 → 수정 용어) 주민번호 → 주민등록번호, 사번 → 사원번호
- 경우에 따라 속성명이 도메인명과 일치할 수 있다

5.6.2 도메인

속성에서 허용 가능한 값의 범위를 지정하기 위한 제약조건이다. 데이터 표준화를 통해 도메인 및 코드 표준화를 수행하여 속성에서 허용 가능한 값의 범위를 지정하고 해당 속성이 코드인 경우 표준화된 코드를 적용하여 유사하거나 동일한 코드가 난립하는 문제를 사전에 방지한다.

도메인은 주민등록번호, 사업자등록번호 및 고객번호 등의 번호를 관리하기 위한 번호도메인, 코드를 관리하기 위한 코드 도메인, 그리고 번호와 코드를 제외한 수량, 금액, 명칭 등을 관리하는 그룹 도메인이 존재한다.

5.6.3 NULL 여부

해당 속성이 반드시 값을 가져야 하는지 여부를 나타낸다. 즉, 필수 여부를 나타낸다. 해당 속성이 NOT NULL로 체크되면 데이터 입력 시 해당 속성의 값이 입력되어야 함을 의미하고 값이 입력되지 않으면 DBMS에서 not null constraint error가 발생해서 데이터 저장이 되지 않는다.

5.7 도메인 무결성 규칙

속성에서 허용 가능한 값의 범위를 지정하기 위한 제약조건이다. 속성의 데이터 타입, 길이, NULL 여부, 기본값(Default value) 및 허용 값의 범위와 같은 다양한 제약조건이다.

하나의 속성은 동일한 데이터 타입과 동일한 길이여야 하고 속성의 허용 값은 미리 정의한다. 예를 들어 주민등록번호는 13자리 문자이고 요일은 월, 화, 수, 목, 금, 토, 일 중 하나이다.

6. 정규화(Normalization)

정규화란 함수적 종속성을 적용하여 엔터티를 연관성 있는 속성들로 구성되도록 분류해서 이상(anomaly) 현상이 발생하지 않도록 하는 과정을 말한다. 즉 이상 현상을 일으키는 속성 간의 종속 관계를 제거하기 위해 엔터티를 작은 여러 엔터티로 무손실 분해하는 과정이다.

무손실 분해의 의미는 분해로 인해 정보의 손실이 발생하지 않아야 하고 분해된 엔터티를 조인하면 분해 전의 엔터티로 복원 가능해야 한다는 것이다.

정규화는 관계형 데이터베이스 설계에서 중복을 최소화하기 위한 데이터를 구조화하는 프로세스라는 의미도 지니고 있다.

정규화 작업은 관계형 데이터베이스의 개념이지만 그 원칙은 데이터 모델링에 적용된다. 정규화 단계별 규칙을 적용하여 중복을 제거하고 식별자에 완전히 종속적인 속성으로 엔터티의 위치를 적절히 하여 완료된 데이터 모델은 정규화된 데이터베이스 설계가 된다.

6.1 이상(anomaly) 현상

불필요한 데이터 중복으로 인해 엔터티에 대한 데이터 삽입, 삭제 및 수정 연산을 수행할 때 발생할 수 있는 부작용 또는 비합리적 현상이다. 이상 현상의 종류는 다음 표와 같다.

이상 현상	설명
삽입 이상	새 데이터를 삽입하기 위해 불필요한 데이터도 함께 삽입해야 하는 문제
갱신 이상	중복 튜플 중 일부만 변경하여 데이터가 불일치하게 되는 모순의 문제
삭제 이상	튜플을 삭제하면 필요한 데이터까지 함께 삭제되는 데이터 손실의 문제

이상 현상을 설명하기 위하여 이벤트참여 엔터티 예제를 살펴보자.

이벤트참여 엔터티의 기본키(PK)는 '고객번호+이벤트번호'로 구성된다.

고객번호*	이벤트번호*	당첨여부	고객명	등급코드	등급명
1001	E00001	Y	홍길동	G	골드
1001	E00005	N	홍길동	G	골드
1001	E00010	Y	홍길동	G	골드
1002	E00002	N	홍길순	V	VIP
1002	E00005	Y	홍길순	V	VIP
1003	E00003	Y	홍길자	G	골드
1003	E00007	Y	홍길자	G	골드
1004	E00004	N	김순미	S	실버

6.1.1 삽입 이상 (insertion anomaly)

삽입이상 현상은 엔터티에 새 데이터를 삽입하려면 불필요한 데이터도 함께 삽입해야 하는 문제이다. 위의 예시에서 아직 이벤트에 참여하지 않은 고객(고객번호 = 1005)을 이벤트참여 엔터티에 삽입하려고 할 때 이벤트참여 엔터티에 삽입할 수 없는 경우이다. 즉, 이벤트에 참여하지 않은 상태에서 고객 정보만을 삽입하려고 하는데 해당 엔터티의 기본키는 '고객번호 + 이벤트번호'이므로 기본키의 값이 NULL인 경우는 삽입이 불가능하기 때문이다. 만약 삽입하려면 실제로는 이벤트에 참여하지 않은 임시(Dummy) 이벤트번호를 삽입해야 한다.

고객번호*	이벤트번호*	당첨여부	고객명	등급코드	등급명
1001	E00001	Y	홍길동	G	골드
1001	E00005	N	홍길동	G	골드
1001	E00010	Y	홍길동	G	골드
1002	E00002	N	홍길순	V	VIP
1002	E00005	Y	홍길순	V	VIP
1003	E00003	Y	홍길자	G	골드
1003	E00007	Y	홍길자	G	골드
1004	E00004	N	김순미	S	실버
1005	NULL	NULL	장길산	S	실버

삽입불가

6.1.2 갱신 이상 (update anomaly)

엔터티의 중복된 튜플 중 일부만 변경하여 데이터가 불일치하게 되는 모순의 문제이다. 즉, 중복으로 저장되어 있는 튜플 중 하나만 갱신하고 나머지는 갱신하지 않아 발생하는 데이터 불일치 현상이다.

위의 예제에서 고객번호가 1001인 고객의 등급코드가 G(골드)에서 V(VIP)로 변경되었는데 하나의 튜플에 대해서만 등급코드가 변경된다면 1001 고객은 서로 다른 등급코드를 가지는 모순이 발생한다. 즉 데이터 불일치가 발생한다.

고객번호*	이벤트번호*	당첨여부	고객명	등급코드	등급명
1001	E00001	Y	홍길동	G ➡ V	골드
1001	E00005	N	홍길동	G	골드
1001	E00010	Y	홍길동	G	골드
1002	E00002	N	홍길순	V	VIP
1002	E00005	Y	홍길순	V	VIP
1003	E00003	Y	홍길자	G	골드
1003	E00007	Y	홍길자	데이터 불일치 발생	
1004	E00004	N	김순미	S	실버

6.1.3 삭제 이상 (deletion anomaly)

엔터티에서 튜플을 삭제하면 필요한 데이터까지 함께 삭제되는 데이터 손실의 문제이다. 즉, 튜플을 삭제할 경우 유지되어야 할 데이터까지도 삭제되는 연쇄 삭제 현상이다.

위의 예제에서 고객번호 1004인 고객이 이벤트 참여를 취소해 관련 튜플을 삭제하게 되면 이벤트 참여 여부와 관련이 없는 고객번호, 고객명, 등급코드 등의 기본적인 고객 데이터까지 모두 손실된다.

고객번호*	이벤트번호*	당첨여부	고객명	등급코드	등급명
1001	E00001	Y	홍길동	G	골드
1001	E00005	N	홍길동	G	골드
1001	E00010	Y	홍길동	G	골드
1002	E00002	N	홍길순	V	VIP
1002	E00005	Y	홍길순	V	VIP
1003	E00003	Y	홍길자	데이터 손실 발생	
1003	E00007	Y	홍길자	G	골드
1004	E00004	N	김순미	S	실버

6.2 함수적 종속성 (Functional Dependency)

어떤 엔터티 R이 있을 때 X와 Y를 각 속성의 부분집합이라고 가정하자. X의 값이 Y의 값을 유일하게 결정한다면 "Y는 X에 함수적으로 종속된다"라고 말하고 X→Y로 표기한다. 이 경우 X를 결정자, Y를 종속자라고 한다. 이를 함수적 종속이라고 부른다.

$$X \longrightarrow Y$$

- X : 결정자, Y : 종속자
- X가 Y를 함수적으로 결정한다
- Y가 X에 함수적으로 종속되어 있다

[그림 3-47]

함수적 종속에는 완전 함수적 종속, 부분 함수적 종속, 이행 함수적 종속이 있다. 이러한 함수적 종속성을 판단하여 정규화를 수행한다. 앞절에서 설명했던 이벤트참여 엔터티 예제를 기준으로 함수적 종속성을 설명해보자.

6.2.1 완전 함수적 종속 (Full Functional Dependency)

완전 함수적 종속이란 종속자가 기본키에 종속되며 기본키가 여러 속성으로 구성되어 있을 경우 기본키를 구성하는 '모든 속성에 종속되는 경우'를 말한다. 이벤트참여 엔터티에서 당첨여부 속성은 고객번호+이벤트번호(기본키)에 의해 결정된다. 이에 당첨여부 속성은 고객번호+이벤트번호 속성 조합에 함수적으로 완전히 종속되어 있다.

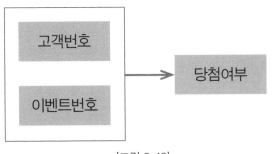

[그림 3-48]

6.2.2 부분 함수적 종속 (Partial Functional Dependency)

부분 함수적 종속이란 종속자의 기본키가 여러 속성으로 구성되어 있을 경우 기본키를 구성하는 속성 중에서 '일부 속성만 종속되는 경우'를 말한다.

이벤트참여 엔터티에서 고객명 속성은 고객번호+이벤트번호(기본키)에 의해 결정되지 않고 고객번호에 의해서만 결정된다. 이에 고객명 속성은 고객번호+이벤트번호 속성 조합에 함수적으로 부분 종속되어 있다.

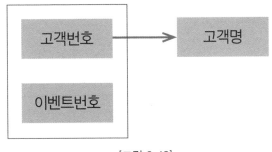

[그림 3-49]

6.2.3 이행 함수적 종속 (Transitive Functional Dependency)

이행 함수적 종속이란 종속자가 기본키가 아닌 다른 속성에 종속되거나 엔터티 R에 X, Y, Z 라는 3개의 속성이 있을 때 X→Y, Y→Z 란 종속 관계가 있을 경우 X→Z 가 성립되는 경우를 말한다.

이벤트참여 엔터티에서 등급코드 속성은 고객번호+이벤트번호(기본키)에 의해 결정되지 않고 고객번호에 의해 결정되고 등급명은 등급코드(기본키 아님)에 의해 결정된다. 이에 등급명 속성은 고객번호 → 등급코드 → 등급명으로 연결되는 이행 함수적 종속 관계에 있다.

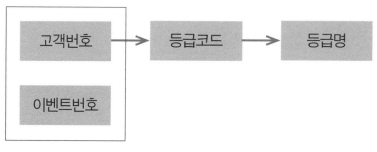

[그림 3-50]

6.3 정규형 (Normal Form)

정규화 과정을 통해 분해된 엔터티의 정규화된 정도를 정규형이라고 한다. 정규형마다 제약 조건이 존재하며 정규형의 차수가 높아질수록 요구되는 제약조건이 많아지고 엄격해진다. 따라서 엔터티의 특성을 고려하여 적합한 정규형을 선택한다. 일반적으로 제3정규형까지 정규화를 진행한다.

6.3.1 제1정규형(1st Normal Form, 1NF)

모든 속성은 반드시 하나의 값(Atomic Value)을 가져야 한다. 반복그룹(Repeating Group)속성을 제거한다.

앞 절에서 설명했던 이벤트참여 엔터티에 추가로 취미1, 취미2, 취미3 속성이 있다고 가정하자. 취미1~취미3 속성은 반복그룹으로써 해당 속성을 제거하고 별도의 엔터티를 생성한다. 즉, '고객번호+취미일련번호'가 기본키(PK)인 엔터티이다.

비정규형

고객번호*	이벤트번호*	당첨여부	고객명	등급코드	등급명	취미1	취미2	취미3
1001	E00001	Y	홍길동	G	골드	축구	·	
1001	E00005	N	홍길동	G	골드	축구		
1001	E00010	Y	홍길동	G	골드	축구		
1002	E00002	N	홍길순	V	VIP	탁구	테니스	
1002	E00005	Y	홍길순	V	VIP	탁구	테니스	
1003	E00003	Y	홍길자	G	골드			
1003	E00007	Y	홍길자	G	골드			
1004	E00004	N	김순미	S	실버	탁구	수영	조깅

1차 정규화

제1정규형

고객번호*	이벤트번호*	당첨여부	고객명	등급코드	등급명
1001	E00001	Y	홍길동	G	골드
1001	E00005	N	홍길동	G	골드
1001	E00010	Y	홍길동	G	골드
1002	E00002	N	홍길순	V	VIP
1002	E00005	Y	홍길순	V	VIP
1003	E00003	Y	홍길자	G	골드
1003	E00007	Y	홍길자	G	골드
1004	E00004	N	김순미	S	실버

고객번호*	취미일련번호*	취미
1001	1	축구
1002	1	탁구
1002	2	테니스
1004	1	탁구
1004	2	탁구
1004	3	조깅

6.3.2 제2정규형(2nd Normal Form, 2NF)

제1정규형을 충족하고 모든 속성은 반드시 기본키 전부에 종속되어야 한다. 즉, 완전 함수적 종속(Full Functional Dependency)이어야 한다. 부분 함수적 종속(Partial Function Dependency) 속성을 제거한다. 부분 함수적 종속을 제거하고 완전 함수적 종속을 유지하도록 엔터티를 분해한다. 당첨여부 속성만 '고객번호+이벤트번호'에 완전 함수적 종속이므로 엔터티를 분해한다.

제1정규형

고객번호*	이벤트번호*	당첨여부	고객명	등급코드	등급명
1001	E00001	Y	홍길동	G	골드
1001	E00005	N	홍길동	G	골드
1001	E00010	Y	홍길동	G	골드
1002	E00002	N	홍길순	V	VIP
1002	E00005	Y	홍길순	V	VIP
1003	E00003	Y	홍길자	G	골드
1003	E00007	Y	홍길자	G	골드
1004	E00004	N	김순미	S	실버

2차정규화

제2정규형

고객번호*	이벤트번호*	당첨여부
1001	E00001	Y
1001	E00005	N
1001	E00010	Y
1002	E00002	N
1002	E00005	Y
1003	E00003	Y
1003	E00007	Y
1004	E00004	N

고객번호*	고객명	등급코드	등급명
1001	홍길동	G	골드
1001	홍길동	G	골드
1001	홍길동	G	골드
1002	홍길순	V	VIP
1002	홍길순	V	VIP
1003	홍길자	G	골드
1003	홍길자	G	골드
1004	김순미	S	실버

6.3.3 제3정규형(3rd Normal Form, 3NF)

제2정규형을 충족하고 기본키가 아닌 속성 간에는 서로 종속될 수 없다.
속성간의 종속성을 배제한다. 이행 함수적 종속(Transitive Functional
Dependency)을 제거한다. 등급명 속성은 고객번호가 아닌 등급코드에
함수적 종속 관계이므로 엔터티를 분해한다.

제2정규형

고객번호*	고객명	등급코드	등급명
1001	홍길동	G	골드
1001	홍길동	G	골드
1001	홍길동	G	골드
1002	홍길순	V	VIP
1002	홍길순	V	VIP
1003	홍길자	G	골드
1003	홍길자	G	골드
1004	김순미	S	실버

3차 정규화

제3정규형

고객번호*	고객명	등급코드
1001	홍길동	G
1001	홍길동	G
1001	홍길동	G
1002	홍길순	V
1002	홍길순	V
1003	홍길자	G
1003	홍길자	G
1004	김순미	S

등급코드*	등급명
G	골드
V	VIP
S	실버

7. 이력관리

데이터는 시간의 경과에 따라 변화한다. 변화 이후에도 과거의 데이터를 참조할 수 있도록 관리하는 기법이 이력관리이다. 우리가 관리하고자 하는 데이터가 시간의 흐름에 따라 변화하면 이때 발생한 과거 데이터와 현재 데이터를 지속해서 유지 관리하는 것을 이력관리라 하고 이를 데이터 모델에 반영하여 표현한 엔터티를 이력 엔터티라고 한다.

이력관리는 기업의 경영전략을 수립하는 기본 근거 자료이고 기업 정보에 있어서 살아있는 생물과 같이 중요한 존재이며 모든 시스템에서 매우 중요한 요소이다.

이력 관리 시 고려사항은 다음과 같다.

- 이력관리가 필요한 데이터에 대한 철저한 조사 분석이 필요
- 이력관리를 위한 엔터티, 관계 및 속성 추가 필요
- 데이터 모델링 시 눈앞의 요구사항에만 집착하지 말고 향후 분석 정보 제공을 어떻게 할 것인가에 초점
- 이력데이터 추출방법을 효율적으로 최적화 할 수 있는 전략 필요
- 지나친 이력관리는 과도한 부담을 유발

또한 이력 관리 시 검증사항은 다음과 같다.

- 변경 내역을 관리할 필요가 있는가?
- 시간의 경과에 따라 데이터가 변경될 수 있는가?
- 과거 특정 시점의 데이터를 재현할 필요가 있는가?
- 이전 버전의 데이터를 관리할 필요가 있는가?

예를 들어 다음과 같은 환율관리 시스템을 생각해 보자.

- 어제의 환율은 얼마인가?
- 오늘 아침의 환율은 얼마인가?

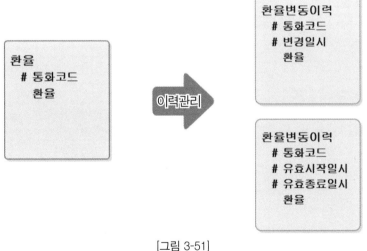

[그림 3-51]

환율변동에 대한 이력을 관리함으로써 원하는 시점의 환율을 손쉽게 구할 수 있음을 보여준다.

7.1 이력관리 형태

이력관리 데이터 모델의 형태는 두 가지가 있다. 첫째, 특정 시점의 정보를 관리하는 '점이력'과 둘째, 시작시점과 종료시점을 관리하여 일정 기간 동안의 정보를 관리하는 '선분이력'의 형태가 있다.

7.1.1 점이력

발생한 데이터의 특정 시점의 정보를 관리하는 이력관리 형태를 점이력이라 한다. 즉 특정 시점의 데이터가 변경되면 새로운 레코드를 생성하고 발생시각을 기록하는 형태이다. 점이력은 로그성 데이터로 데이터를 쌓아두고자 하는 경우에 유용하다.

예를 들어 환율의 경우 "환율이 어느 시점에 얼마의 값으로 변경되었다"라는 정보를 보관하는 형태이다.

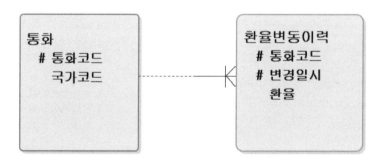

[그림 3-52]

만약 '20190101' 이전의 환율은 얼마인가를 조회하는 경우 해당 SQL은
다음과 같다.

```
SELECT  B. 환율
FROM    통화 A, 환율변동이력 B
WHERE   A.국가코드 = 'USA'
AND     A.통화코드 = B.통화코드
AND     B.변경일시 = (SELECT MAX(변경일시)
                    FROM 환율변동이력
                    WHERE 변경일시 <= '20190101'
                    )
```

7.1.2 선분이력

발생한 데이터의 시작시점과 종료시점을 관리하여 일정 기간 동안의 정
보를 관리하는 이력관리 형태를 선분이력이라 한다. 과거 임의의 시점
데이터를 조회하고자 하는 경우에 유용한 관리 형태이다. 각각의 선분을
하나의 레코드로 관리하고 BETWEEN 조회로 임의시점의 조회가 가능
한 형태이다.

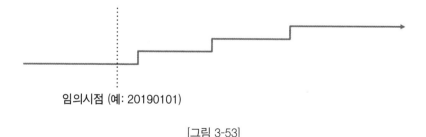

임의시점 (예: 20190101)

[그림 3-53]

예를 들어 환율의 경우 "환율이 어느 시점부터 어느 시점까지에 얼마의 값으로 변경되었다"라는 정보를 보관하는 형태이다.

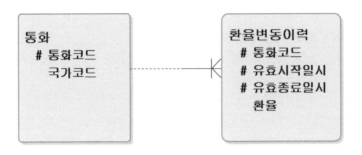

[그림 3-54]

만약 '20190101' 시점의 환율은 얼마인가를 조회하는 경우 해당 SQL은 다음과 같다.

```
SELECT   B. 환율
FROM     통화 A, 환율변동이력 B
WHERE    A.국가코드 = 'USA'
AND      A.통화코드 = B.통화코드
AND      '20190101' BETWEEN  유효시작일시 AND  유효종료일시
```

7.2 이력관리 유형

이력관리는 ROW_LEVEL 이력관리, COLUMN_LEVEL 이력관리 및 SUBJECT_LEVEL 이력관리 유형이 존재한다

7.2.1 ROW_LEVEL 이력관리

ROW의 어떤 변경이라도 발생하면 ROW 전체를 새로 생성한다. 적용 기준은 다음과 같다.

- LOG성 정보의 저장
- 변화가 빈번하지 않을 때
- 변경 이벤트 관리를 할 필요가 없을 때
- 특정 순간의 Snapshot이 참조되는 경우
- 변경 예상 컬럼이 골고루 분포된 경우

ROW_LEVEL 이력관리의 장단점은 다음과 같다.

장점	단점
• 저장하기 용이 • 모든 컬럼의 이력 관리 • 한 번의 액세스로 해당 ROW의 모든 정보를 참조 • 특정 순간의 Snapshot만 참조한다면 처리 용이	• 어느 컬럼이 변경된 지 알 수 없음 • 변경 컬럼을 찾기 위해서는 과거 정보와 일일이 비교 • 저장 공간의 낭비가 많음 • 컬럼 추가에 대한 유연성 저하

7.2.2 COLUMN_LEVEL 이력관리

변화가 발생한 컬럼만 독립적인 이력을 생성한다. 적용 기준은 다음과 같다.

- 특정 컬럼에 변경이 집중되어 있는 경우
- 이력관리 대상 컬럼은 많지만 실제로 이력발생 확률이 낮은 경우
- 컬럼별로 변경 이벤트 관리가 꼭 필요한 경우
- 컬럼 추가가 빈번할 것으로 예상되는 경우
- 여러 컬럼이 복합적 검색조건으로 사용되지 않는 경우

COLUMN_LEVEL 이력관리의 장단점은 다음과 같다.

장점	단점
• 변경 이벤트가 매우 분명하게 나타남 • 독립성 증가(다른 속성의 변화에 영향을 받지 않음) • 특정 컬럼에 변경이 집중되는 경우에 효과적 • 신규 컬럼 추가에 매우 유연	• 로우 수가 증가 • 동시에 여러 컬럼의 이력을 참조하면 많은 머지(MERGE) 발생 • 조건 검색이 어려워 짐 • 많은 컬럼에서 변경이 발생하면 로우 수가 급격히 증가(변화가 많은 경우 적용 곤란) • 수행속도 저하 우려

7.2.3 SUBJECT_LEVEL 이력관리

내용이 유사하거나 업무적인 연관성이 높아 같이 변경될 확률이 높은 컬럼을 묶어서 ROW_LEVEL로 이력을 생성한다. 적용 기준은 다음과 같다.

- 컬럼들 간에 유사성이나 변경 연동성이 강한 경우 적용
- 특정 컬럼들에서 변경이 집중되는 경우 적용
- 독립적인 변경 이벤트 관리가 필요한 경우
- 뚜렷한 유사성 그룹이 존재하는 경우에만 적용할 것

SUBJECT_LEVEL 이력관리의 장단점은 다음과 같다.

장점	단점
• ROW_LEVEL과 COLUMN_LEVEL 의 단점 해소 및 장점 수용 • 독립적인 변경 이벤트 관리가 가능 • 독립성 증가(다른 속성의 변화에 영향을 덜 받음) • 특정 컬럼들에 변경이 집중되는 경우에 효과적임 • 목적이 분명한 엔터티를 생성함으로써 활용성 증대	• ROW_LEVEL에 비해 로우 수가 상대적으로 증가 • 모든 속성을 머지할 때 약간의 추가적인 액세스 발생 • 유사한 컬럼 그룹을 파악하기가 쉽지 않음

7.3 이력관리 형태 및 유형의 조합

이력관리 형태는 점이력 및 선분이력 두 종류이고 이력관리 유형은 ROW_LEVEL 이력관리, COLUMN_LEVEL 이력관리, SUBJECT_ LEVEL 이력관리 3종류이므로 조합을 하면 경우의 수는 6가지가 존재한다. 예를 들어 다음 페이지와 같이 고객 엔터티가 존재한다고 가정하자. 고객 엔터티는 고객 기본 정보, 사업자의 대표자 관련 정보, 고객 등급 관련 정보 및 멤버십 동의 정보로 구성되어 있다고 가정하자.

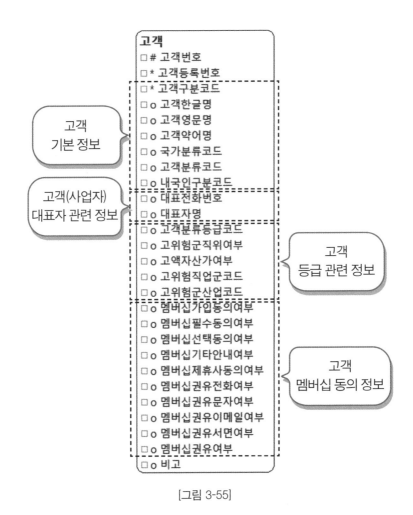

[그림 3-55]

이와 같이 구성되어 있을 경우 6가지 조합의 이력이 어떻게 작성되는지
확인해 보자.

(1) 점이력 - ROW_LEVEL 이력

고객이력 엔터티의 식별자는 ① '고객번호 + 변경일자'가 되고 ② 속성
은 고객 엔터티와 동일하게 고객 엔터티의 모든 속성을 가진다.

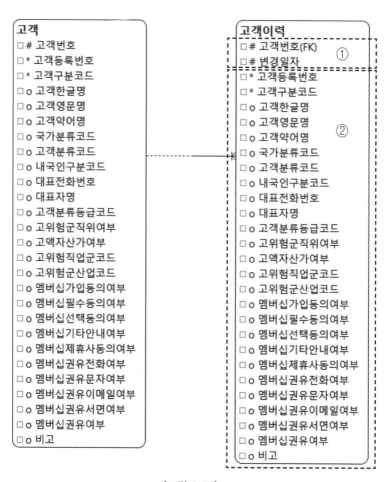

고객
- □ # 고객번호
- □ * 고객등록번호
- □ * 고객구분코드
- □ o 고객한글명
- □ o 고객영문명
- □ o 고객약어명
- □ o 국가분류코드
- □ o 고객분류코드
- □ o 내국인구분코드
- □ o 대표전화번호
- □ o 대표자명
- □ o 고객분류등급코드
- □ o 고위험군직위여부
- □ o 고액자산가여부
- □ o 고위험직업군코드
- □ o 고위험군산업코드
- □ o 멤버십가입동의여부
- □ o 멤버십필수동의여부
- □ o 멤버십선택동의여부
- □ o 멤버십기타안내여부
- □ o 멤버십제휴사동의여부
- □ o 멤버십권유전화여부
- □ o 멤버십권유문자여부
- □ o 멤버십권유이메일여부
- □ o 멤버십권유서면여부
- □ o 멤버십권유여부
- □ o 비고

고객이력
- □ # 고객번호(FK) ①
- □ # 변경일자
- □ * 고객등록번호
- □ * 고객구분코드
- □ o 고객한글명
- □ o 고객영문명
- □ o 고객약어명 ②
- □ o 국가분류코드
- □ o 고객분류코드
- □ o 내국인구분코드
- □ o 대표전화번호
- □ o 대표자명
- □ o 고객분류등급코드
- □ o 고위험군직위여부
- □ o 고액자산가여부
- □ o 고위험직업군코드
- □ o 고위험군산업코드
- □ o 멤버십가입동의여부
- □ o 멤버십필수동의여부
- □ o 멤버십선택동의여부
- □ o 멤버십기타안내여부
- □ o 멤버십제휴사동의여부
- □ o 멤버십권유전화여부
- □ o 멤버십권유문자여부
- □ o 멤버십권유이메일여부
- □ o 멤버십권유서면여부
- □ o 멤버십권유여부
- □ o 비고

[그림 3-56]

속성이 한 개 이상 변경되면 해당 변경일자에 이전의 고객 정보를 모두 복제하고 고객 엔터티는 해당 속성이 변경되어 현재의 정보와 이력의 정보가 유지된다. 만약 고객 엔터티에 속성이 추가되면 고객이력 엔터티에도 동일하게 해당 속성을 추가해야 한다.

(2) 점이력 - COLUMN_LEVEL 이력

고객이력 엔터티의 식별자는 ① '고객번호 + 변경일자 + 변경항목코드' 가 되고 ② 속성은 변경전내용 및 변경후내용 속성이 관리된다. 변경항 목코드는 식별자를 제외한 모든 속성에 코드를 부여한다. 항목코드를 부여한 예는 다음과 같다.

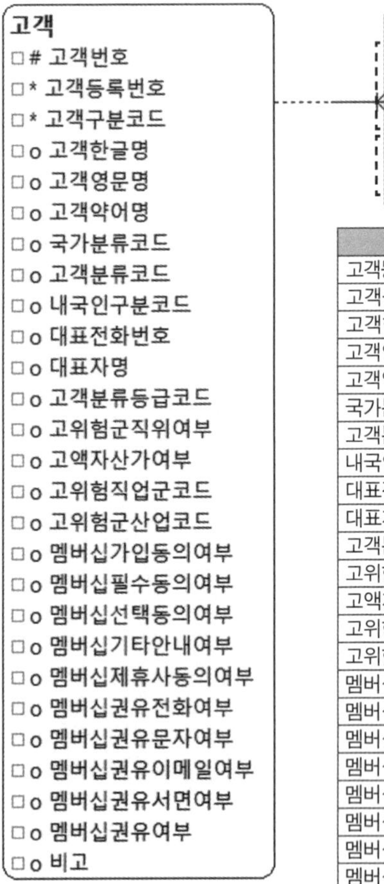

고객
- □ # 고객번호
- □ * 고객등록번호
- □ * 고객구분코드
- □ o 고객한글명
- □ o 고객영문명
- □ o 고객약어명
- □ o 국가분류코드
- □ o 고객분류코드
- □ o 내국인구분코드
- □ o 대표전화번호
- □ o 대표자명
- □ o 고객분류등급코드
- □ o 고위험군직위여부
- □ o 고액자산가여부
- □ o 고위험직업군코드
- □ o 고위험군산업코드
- □ o 멤버십가입동의여부
- □ o 멤버십필수동의여부
- □ o 멤버십선택동의여부
- □ o 멤버십기타안내여부
- □ o 멤버십제휴사동의여부
- □ o 멤버십권유전화여부
- □ o 멤버십권유문자여부
- □ o 멤버십권유이메일여부
- □ o 멤버십권유서면여부
- □ o 멤버십권유여부
- □ o 비고

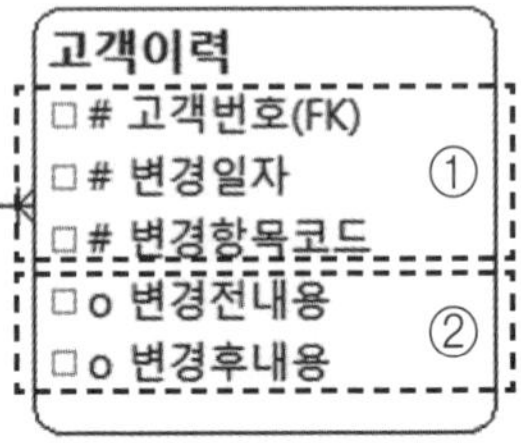

고객이력
- □ # 고객번호(FK)
- □ # 변경일자   ①
- □ # 변경항목코드
- □ o 변경전내용   ②
- □ o 변경후내용

[그림 3-57]

속성명	항목코드
고객등록번호	100
고객구분코드	101
고객한글명	102
고객영문명	103
고객약어명	104
국가분류코드	105
고객분류코드	106
내국인구분코드	107
대표전화번호	108
대표자명	109
고객분류등급코드	110
고위험군직위여부	111
고액자산가여부	112
고위험직업군코드	113
고위험군산업코드	114
멤버십가입동의여부	115
멤버십필수동의여부	116
멤버십선택동의여부	117
멤버십기타안내여부	118
멤버십제휴사동의여부	119
멤버십권유전화여부	120
멤버십권유문자여부	121
멤버십권유이메일여부	122
멤버십권유서면여부	123
멤버십권유여부	124
비고	125

예를 들어 고객이 개명을 하여 성명이 변경되었다면 변경항목코드
는 102(고객한글명), 103(고객영문명), 104(고객약어명)으로 3개의
ROW를 생성하고 변경전의 성명과 변경후의 성명을 등록한다. 만약
고객 엔터티에 속성이 추가되면 변경항목코드를 새로 추가한다.

(3) 점이력 - SUBJECT_LEVEL 이력

고객엔터티는 고객 기본 정보, 사업자의 대표자 관련 정보, 고객 등급 관
련 정보 및 멤버십 동의 정보로 구성되어 있다고 가정하였으므로 총 4개
의 SUBJECT가 존재한다. 따라서 고객기본이력, 고객사업자대표이력,
고객등급이력 및 고객멤버쉽동의이력 엔터티를 생성한다. 각각의 이력
엔터티의 식별자는 '고객번호 + 변경일자'가 된다.

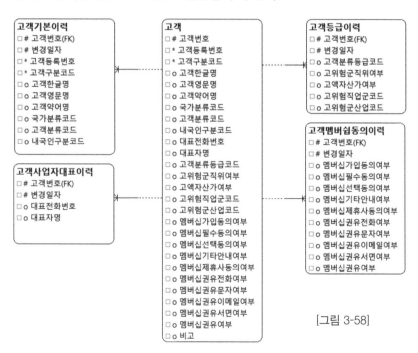

[그림 3-58]

209

속성이 변경되면 어느 SUBJECT에 포함되는지 확인하여 해당 SUBJECT 이력 엔터티에 ROW를 생성한다.

만약 고객 엔터티에 속성이 추가되면 해당 속성이 어느 SUBJECT에 포함되는지 확인하여 속성을 추가하고 SUBJECT에 포함되지 않는다면 이력 엔터티를 추가해야 한다.

⑷ 선분이력 ROW_LEVEL 이력

고객이력 엔터티의 식별자는 ① '고객번호 + 유효시작일자 + 유효종료일자'가 되고 ② 속성은 고객 엔터티와 동일하게 고객 엔터티의 모든 속성을 가진다.

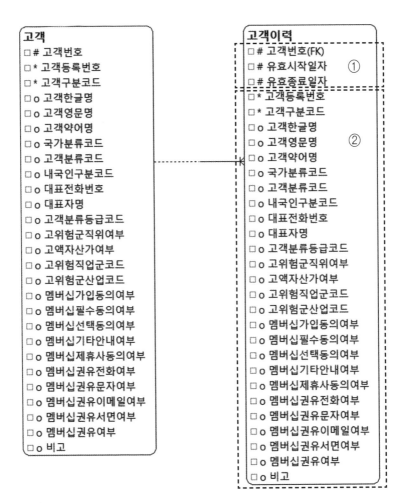

고객
- □ # 고객번호
- □ * 고객등록번호
- □ * 고객구분코드
- □ o 고객한글명
- □ o 고객영문명
- □ o 고객약어명
- □ o 국가분류코드
- □ o 고객분류코드
- □ o 내국인구분코드
- □ o 대표전화번호
- □ o 대표자명
- □ o 고객분류등급코드
- □ o 고위험군직위여부
- □ o 고액자산가여부
- □ o 고위험직업군코드
- □ o 고위험군산업코드
- □ o 멤버십가입의여부
- □ o 멤버십필수동의여부
- □ o 멤버십선택동의여부
- □ o 멤버십기타안내여부
- □ o 멤버십제휴사동의여부
- □ o 멤버십권유전화여부
- □ o 멤버십권유문자여부
- □ o 멤버십권유이메일여부
- □ o 멤버십권유서면여부
- □ o 멤버십권유여부
- □ o 비고

고객이력
- □ # 고객번호(FK)
- □ # 유효시작일자   ①
- □ # 유효종료일자
- □ * 고객등록번호
- □ * 고객구분코드
- □ o 고객한글명
- □ o 고객영문명   ②
- □ o 고객약어명
- □ o 국가분류코드
- □ o 고객분류코드
- □ o 내국인구분코드
- □ o 대표전화번호
- □ o 대표자명
- □ o 고객분류등급코드
- □ o 고위험군직위여부
- □ o 고액자산가여부
- □ o 고위험직업군코드
- □ o 고위험군산업코드
- □ o 멤버십가입의여부
- □ o 멤버십필수동의여부
- □ o 멤버십선택동의여부
- □ o 멤버십기타안내여부
- □ o 멤버십제휴사동의여부
- □ o 멤버십권유전화여부
- □ o 멤버십권유문자여부
- □ o 멤버십권유이메일여부
- □ o 멤버십권유서면여부
- □ o 멤버십권유여부
- □ o 비고

[그림 3-59]

속성이 한 개 이상이 변경되면 해당 유효시작일자와 유효종료일자에 이전의 고객 정보를 모두 복제하고 고객 엔터티는 해당 속성이 변경되어 현재의 정보와 이력의 정보가 유지된다.

만약 고객 엔터티에 속성이 추가되면 고객이력 엔터티에도 동일하게 해당 속성을 추가해야 한다.

(5) 선분이력 COLUMN_LEVEL 이력

고객이력 엔터티의 식별자는 ① '고객번호 + 유효시작일자 + 유효종료일자 + 변경항목코드'가 되고 ② 속성은 변경전내용과 변경후내용 속성이 관리된다. 변경항목코드는 식별자를 제외한 모든 속성에 코드를 부여한다. 항목코드를 부여한 예는 다음과 같다.

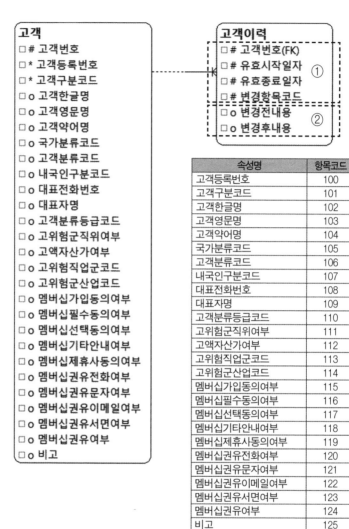

고객
- □ # 고객번호
- □ * 고객등록번호
- □ * 고객구분코드
- □ o 고객한글명
- □ o 고객영문명
- □ o 고객약어명
- □ o 국가분류코드
- □ o 고객분류코드
- □ o 내국인구분코드
- □ o 대표전화번호
- □ o 대표자명
- □ o 고객분류등급코드
- □ o 고위험군직위여부
- □ o 고액자산가여부
- □ o 고위험직업군코드
- □ o 고위험군산업코드
- □ o 멤버십가입동의여부
- □ o 멤버십필수동의여부
- □ o 멤버십선택동의여부
- □ o 멤버십기타안내여부
- □ o 멤버십제휴사동의여부
- □ o 멤버십권유전화여부
- □ o 멤버십권유문자여부
- □ o 멤버십권유이메일여부
- □ o 멤버십권유서면여부
- □ o 멤버십권유여부
- □ o 비고

고객이력
- □ # 고객번호(FK)
- □ # 유효시작일자 ①
- □ # 유효종료일자
- □ # 변경항목코드
- □ o 변경전내용 ②
- □ o 변경후내용

속성명	항목코드
고객등록번호	100
고객구분코드	101
고객한글명	102
고객영문명	103
고객약어명	104
국가분류코드	105
고객분류코드	106
내국인구분코드	107
대표전화번호	108
대표자명	109
고객분류등급코드	110
고위험군직위여부	111
고액자산가여부	112
고위험직업군코드	113
고위험군산업코드	114
멤버십가입동의여부	115
멤버십필수동의여부	116
멤버십선택동의여부	117
멤버십기타안내여부	118
멤버십제휴사동의여부	119
멤버십권유전화여부	120
멤버십권유문자여부	121
멤버십권유이메일여부	122
멤버십권유서면여부	123
멤버십권유여부	124
비고	125

[그림 3-60]

고객이 개명을 해서 성명이 변경되었다면 변경항목코드는 102(고객한글명), 103(고객영문명), 104(고객약어명)로 3개의 ROW를 생성하고 변경전의 성명과 변경후의 성명을 등록한다.

만약 고객 엔터티에 속성이 추가되면 변경항목코드를 새로 추가한다.

(6) 선분이력 - SUBJECT_LEVEL 이력

고객 엔터티는 고객 기본 정보 사업자의 대표자 관련 정보, 고객 등급 관련 정보 및 멤버십 동의 정보로 구성되어 있다고 가정하였으므로 총 4개의 SUBJECT가 존재한다. 따라서 고객기본이력, 고객사업자대표이력, 고객등급이력 및 고객멤버쉽동의이력 엔터티를 생성한다. 각각의 이력 엔터티의 식별자는 '고객번호 + 유효시작일자 + 유효종료일자'가 된다.

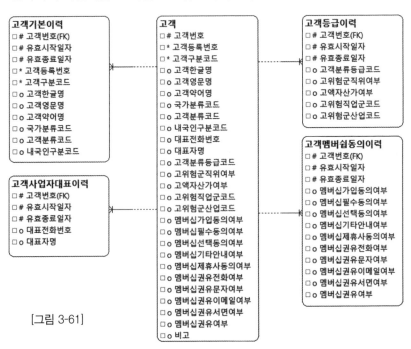

[그림 3-61]

속성이 추가되면 어느 SUBJECT에 포함되는지 확인하여 해당 SUBJECT 이력 엔터티에 ROW를 생성한다.

만약 고객 엔터티에 속성이 추가되면 해당 속성이 어느 SUBJECT에 포함되는지 확인하여 속성을 추가하고 SUBEJCT에 포함되지 않는다면 이력 엔터티를 추가해야 한다.

4장

물리
데이터
모델링

1. 물리 데이터 모델링이란?

물리데이터 모델이란 논리 데이터 모델을 기초로 DBMS의 특성 및 성능을 고려하여 변환한 데이터 모델을 말한다. 물리 데이터 모델에서 DB 오브젝트를 생성하기 위한 DDL 스크립트를 제공한다. DBMS의 특성에 따라 최적의 성능을 보장하기 위한 DBMS별 가이드를 참조하여 물리 데이터 모델을 생성한다. DBMS에 따라 최적의 성능을 발휘하기 위한 요소는 다르며 DBMS별 권장 데이터 타입, 파티션 기법 및 분산 키설정 방법 등이 존재한다.

이 책에서는 특정 DBMS 특성보다는 일반적인 부분에 맞추어 물리 데이터 모델링에 관해 설명한다.

데이터 모델의 구성요소는 엔터티, 관계, 속성이므로 물리 데이터 모델도 동일하게 해당 요소별로 변환이 이루어진다. 엔터티는 테이블로, 속성은 컬럼으로 변환하고 관계는 결국 속성으로 표현되므로 컬럼으로 변환한다. 물리 데이터 모델링 진행 절차는 다음과 같다.

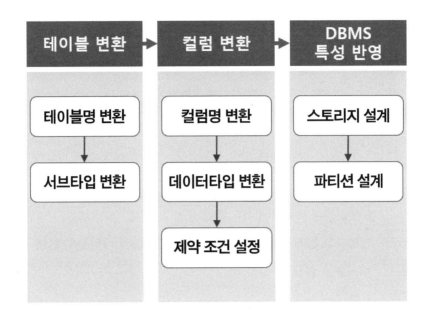

2. 엔터티를 테이블로 변환

엔터티를 테이블로 변환하는 것은 어렵지 않다. 첫째, 엔터티명을 테이블 명으로 변환하고 둘째, 서브타입으로 구성된 엔터티를 테이블로 변환 시 하나의 테이블로 생성할지 아니면 서브타입의 수만큼 테이블로 구성할 지를 결정한다.

2.1 테이블명 변환

엔터티명은 관리하고자 하는 집합을 나타내기 위한 명칭을 부여하였고 테이블명은 DB오브젝트로 생성되어 개발 등에 사용될 명칭을 부여한다. 엔터티명은 명명규칙을 정의하여 해당 기업과 기관에서 일관되게 적용 되듯이 테이블명도 명명규칙이 사전에 정의되어 있어야 한다.

테이블 명명규칙 첫 번째 예제는 다음과 같다.

- TB + '_' + 테이블명
- 테이블명은 엔터티명에 해당하는 영문명을 매핑하여 지정

테이블 명명규칙 두 번째 예제는 다음과 같다.

- TB + '_' + 테이블명
- 주제영역 대분류 (2자리) + '_' + 주제영역 중 분류 (4자리) +
  ###(일련번호 3자리)

기업이나 기관에 따라서는 엔터티명을 그대로 테이블명으로 사용하는
경우도 있다. 이러한 경우는 실제 DB 오브젝트가 한글로 생성되므로
SELECT 시 한글명으로 조회한다. 테이블 명명규칙 두 번째 예제를 적용
하여 명칭을 반영한 결과는 다음과 같다.

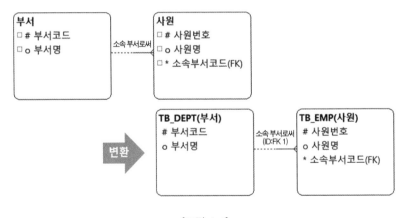

[그림 4-1]

표준 단어와 용어에 대한 표준 영문명 예시는 다음과 같다.

이러한 표준 단어와 용어에 대한 영문명 매핑은 엑셀로 관리하여 물리 데이터 모델링 시 적용해도 되지만 사람이 하기에 착오가 있을 수 있으니 실제 모델링 시에는 메타시스템을 적용하여 자동으로 적용될 수 있도록 지원하는 경우가 많다.

표준 단어/용어	표준 단어/용어 설명	동의어	표준 영문명	표준 영문명 설명
부서		과	DEPT	
부속품	(ACCESSORY)	액세서리	ACSY	
부수	(NUMBER OF COPIES)		NCS	
부양	(SUPPORT)	후원	SPRT	
부업	(side job)		SDJB	
부여	(GIVE)	납입	GV	
부적격자	(DISQUALIFIED)	불합격자	DISQ	
부전공	(MINOR)		MI	
부정	(NOT)		NOT	
부제			SUBTTL	
부족	(SHORTAGE)		SHTG	
사진	(PHOTO)		PHT	
사학	(PRIVATE SCHOOL)		PSCH	
삭제	(DELETE)	말소	DEL	
산업	(INDUSTRY)		IDST	
상각	(DEPRECIATION)	감가상각	DEPR	
사원			EMP	
소속	BELONG TO		BLNGT	

2.2 서브타입 변환

서브타입으로 구성된 엔터티의 경우 테이블 변환 시 3가지 유형이 존재한다. 각각의 서브타입에는 1개 이상의 속성이 존재하는 경우에 해당하며 서브타입이 아닌 엔터티에 속한 속성을 슈퍼타입이라 표현한다.

다음과 같이 엔터티 A가 존재하고 엔터티 A는 서브타입 B와 서브타입 C로 구성되어 있다고 하자. 엔터티 A는 다수의 속성이 존재하고 각각의 서브타입에도 1개 이상의 속성이 존재한다고 가정하자.

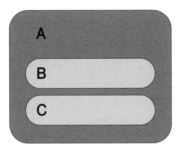

[그림 4-2]

2.2.1 하나의 테이블로 통합

슈퍼타입 및 서브타입에 속한 모든 속성을 하나의 테이블로 생성한다. 주로 서브타입에 적은 수의 속성이나 관계를 가진 경우에 적용한다.

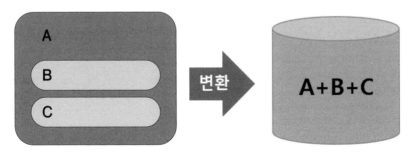

[그림 4-3]

이와 같이 하나의 테이블로 통합하는 경우의 장단점은 다음과 같다.

장점	단점
• 데이터 엑세스가 보다 간편 • 서브타입 구분 없는 임의 집합의 가공이 용이 • 다수의 서브타입을 통합한 경우 조인 감소 효과가 크다 • 복잡한 처리를 하나의 SQL로 통합하기가 용이	• 특정 서브타입의 NOT NULL 제한 불가 • 테이블의 컬럼 수가 증가 • 테이블의 블록 수가 증가 • 서브타입 처리 시 서브타입의 구분 필요 • 컬럼 수 증가에 따른 인덱스 수의 증가 가능성 존재

2.2.2 서브타입 별로 테이블 분할

각각의 서브타입 별로 테이블을 생성한다. 분할된 테이블에는 해당 서브타입의 데이터만 포함된다. 슈터타입도 각각의 테이블에 포함된다.
주로 서브타입에 많은 수의 속성이나 관계를 가진 경우에 적용한다.

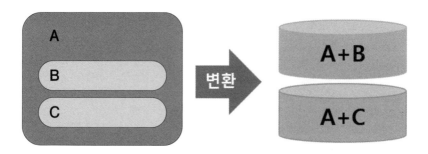

[그림 4-4]

이처럼 서브타입 수만큼 테이블을 분할하는 경우의 장단점은 다음과 같다.

장점	단점
• 각 서브타입 속성의 위치가 명확함 • 처리할 때마다 서브타입 유형구분이 불필요 • 전체 테이블 스캔 시 유리 • 단위 테이블의 크기가 감소	• 서브타입 구분 없이 데이터를 처리하는 경우 UNION(ALL)이 발생 • 처리속도가 감소하는 경우가 많다 • 트랜잭션 처리 시 여러 테이블을 처리하는 경우가 증가 • 복잡한 처리의 SQL 통합이 어려워진다 • 부분범위 처리가 불가능해질 수 있다 • 식별자의 유지관리가 어렵다

2.2.3 아크(Arc) 형태로 테이블 분할

슈퍼타입과 서브타입을 각각의 테이블로 생성한다. 슈퍼타입과 서브타입 테이블 간에는 배타 관계가 형성된다.

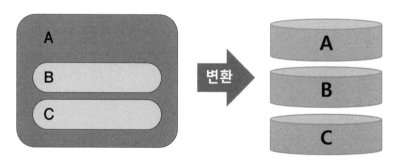

[그림 4-5]

배타관계의 구성은 바람직하지 않으나 다음의 경우를 만족하는 경우 검토 후 적용한다.

- 서브타입의 처리가 독립적으로 발생
- 테이블을 통합했을 때 컬럼의 수가 지나치게 많은 경우
- 서브타입의 컬럼 수가 많은 경우
- 트랜잭션이 주로 슈퍼타입 부분에서 발생하는 경우

3. 속성을 컬럼으로 변환

속성을 컬럼명으로 변환하고 속성의 도메인을 해당 DBMS의 데이터타입으로 변환한다.

3.1 컬럼명 변환

속성에 대한 명명규칙을 정의하였듯이 컬럼명도 명명규칙으로 사전에 정의되어야 한다. 컬럼의 명명규칙 예제는 다음과 같다.

- 컬럼명은 속성명에 해당하는 영문약어명을 매핑하여 지정한다
- 영문약어간에 '_'를 넣어 구분한다
- 결합된 영문약어의 개수가 5개를 초과하지 않도록 한다
- 결합된 영문약어의 개수가 너무 길어지는 경우 두 개 이상의 단어를 결합한 합성어를 단어사전에 등록한다

기업이나 기관에 따라서는 속성명을 그대로 컬럼명으로 사용하는 경우도 있다. 이러한 경우는 실제 DB 오브젝트가 한글로 생성되므로 SELECT시 한글명으로 조회한다.

컬럼의 명명규칙 예제를 적용하여 명칭을 반영한 결과는 다음과 같다.

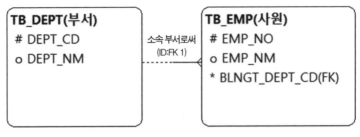

[그림 4-6]

표준 단어와 용어의 표준 영문명에 대한 예시는 테이블명 변환 절에 기술한 것과 동일하다. 이러한 표준 단어와 용어에 관한 영문명 매핑은 엑셀로 관리하여 물리 데이터 모델링 시 적용해도 되지만 사람이 하는 경우는 착오가 생길 수 있음으로 실제 모델링시에는 메타 시스템을 사용하여 자동으로 적용될 수 있도록 지원하는 경우가 많다.

3.2 데이터타입 변환

속성에 대한 도메인을 해당 DBMS의 데이터타입으로 변환한다. 표준 도메인 예제를 적용한 결과는 다음과 같다. 즉 동일한 속성은 동일한 컬럼명으로 변환하고 속성에 연결된 도메인에 의해 동일한 데이터타입이 매핑된다. 접두사가 붙은 소속부서코드도 동일한 데이터타입이 매핑된다.

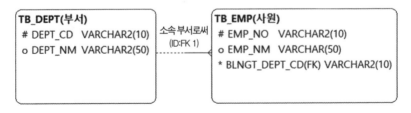

[그림 4-7]

표준 도메인의 예제는 다음과 같고 표준 도메인은 인포타입(논리적인 데이터 타입 및 길이)과 DBMS의 데이터타입을 관리한다.

표준 도메인	도메인 유형	인포타입	데이터타입
부서코드	코드	부서코드	VARCHAR2(10)
부서명	그룹	명50	VARCHAR2(50)
사원번호	번호	사원번호	VARCHAR2(10)
사원명	그룹	명50	VARCHAR2(50)

실제 모델링시에는 메타 시스템을 적용하여 속성을 데이터타입을 포함하여 컬럼으로 자동 변환시킨다.

참고로 변환된 물리 데이터 모델에서 DDL 스크립트를 추출한 결과는 다음 페이지와 같다.

```
CREATE TABLE TB_EMP
(
        EMP_NO VARCHAR2(10) NOT NULL ,
        EMP_NM VARCHAR(50) ,
        BLNGT_DEPT_CD VARCHAR2(10) NOT NULL
);

CREATE UNIQUE INDEX TB_EMP_PK ON TB_EMP ( EMP_NO );

ALTER TABLE TB_EMP
  ADD CONSTRAINT TB_EMP_PK PRIMARY KEY ( EMP_NO )
USING INDEX TB_EMP_PK;

CREATE TABLE TB_DEPT
(
        DEPT_CD VARCHAR2(10) NOT NULL ,
        DEPT_NM VARCHAR2(50)
);

CREATE UNIQUE INDEX TB_DEPT_PK ON TB_DEPT ( DEPT_CD );

ALTER TABLE TB_DEPT
  ADD CONSTRAINT TB_D EPT_PK PRIMARY KEY ( DEPT_CD )
USING INDEX TB_DEPT_PK;
```

3.3 제약조건(Constraint) 설정

제약조건(Constraint)이란 데이터의 무결성을 지키기 위한 제한된 조건을 의미한다. 즉, 컬럼에 부적절한 데이터가 입력되는 것을 사전에 차단하도록 정해놓은 것이다. 제약조건을 설정하면 DBMS는 해당 조건을 체크하여 해당 값에 벗어나는 데이터가 입력되면 'constraint error'를 발생시키고 입력을 차단한다.

따라서 중요한 컬럼에 대해 제약조건을 설정해 놓으면 부적절한 데이터를 차단하여 데이터의 품질을 높일 수 있다.

참고 문헌

- 이화식, 『데이터 아키텍처 솔루션 1』, 엔코아
- C.J. Date, 『An Introduction to Database Systems』, Addison Wesley

데이터 모델링 실전처럼 시작하기
데이터 전문가가 되는 첫걸음

2판 1쇄 발행 2021년 7월 30일

2판 2쇄 발행 2023년 5월 30일

지 은 이 박종원

펴 낸 이 최수진

책 임 편 집 최수진

펴 낸 곳 세나북스

출 판 등 록 2015년 2월 10일 제300-2015-10호.

주　　　소 서울시 종로구 통일로 18길 9

홈 페 이 지 http://blog.naver.com/banny74

이 메 일 banny74@naver.com

전 화 번 호 02-737-6290

팩　　　스 02-6442-5438

I S B N 979-11-87316-86-2 13500